土木建筑大类专业系列新形态教材

建筑CAD

朱少君 ▣ 主 编

U0230282

清华大学出版社

北 京

内 容 简 介

本书根据编者多年教学和社会实践经验编写。全书共 6 个项目，讲述了运用 AutoCAD 和天正建筑软件绘制平面图案、绘制建筑平面图、绘制建筑立面图、绘制建筑剖面图、绘制建筑详图和图形打印输出等内容，项目内容编排由浅入深，突出应用性和实用性。

本书适合作为高职高专建筑设计、工程造价、建筑工程技术、建筑工程管理等专业的教材，也可供计算机绘图爱好者和土建类相关工程技术人员参考。

本书封面贴有清华大学出版社防伪标签，无标签者不得销售。

版权所有，侵权必究。举报：010-62782989，beiqinquan@tup.tsinghua.edu.cn。

图书在版编目（CIP）数据

建筑 CAD / 朱少君主编 . — 北京：清华大学出版社，2022.8
土木建筑大类专业系列新形态教材
ISBN 978-7-302-61169-1

Ⅰ．①建…　Ⅱ．①朱…　Ⅲ．①建筑设计–计算机辅助设计–AutoCAD 软件–高等学校–教材
Ⅳ．① TU201.4

中国版本图书馆 CIP 数据核字（2022）第 110430 号

责任编辑：杜　晓
封面设计：曹　来
责任校对：刘　静
责任印制：朱雨萌

出版发行：清华大学出版社
　　　　网　　　址：http://www.tup.com.cn, http://www.wqbook.com
　　　　地　　　址：北京清华大学学研大厦 A 座　　　　邮　　编：100084
　　　　社　总　机：010-83470000　　　　邮　　购：010-62786544
　　　　投稿与读者服务：010-62776969, c-service@tup.tsinghua.edu.cn
　　　　质量反馈：010-62772015, zhiliang@tup.tsinghua.edu.cn
　　　　课件下载：http://www.tup.com.cn, 010-83470410
印　装　者：天津鑫丰华印务有限公司
经　　销：全国新华书店
开　　本：185mm×260mm　　　印　　张：7　　　字　　数：100 千字
版　　次：2022 年 10 月第 1 版　　　印　　次：2022 年 10 月第 1 次印刷
定　　价：42.00 元

产品编号：098461-01

前　　言

　　建筑 CAD 是指以 AutoCAD 为基础开发的建筑行业类 CAD，在我国建筑工程设计领域已经占据主导地位，其影响力可以说无处不在。目前市场上的建筑 CAD 软件有天正建筑、中望 CAD、浩辰建筑、斯维尔建筑等版本。随着天正建筑软件的广泛应用，它的图档格式已经成为各设计单位与甲方之间图形信息交流的基础。建筑 CAD 是建筑类专业学生的必修课，是为培养学生的绘图操作能力而开设的实践技能课。

　　本书以教学项目为载体，构建了 6 个绘制建筑施工图的教学项目，将 AutoCAD 和天正建筑软件在建筑施工图绘制中的应用有机融合，将学习过程变成项目的工作过程，力求体现如下特点。

　　（1）知识结构合理化。本书项目用到的知识由易到难，项目由浅入深、循序渐进，符合认知规律。项目选择典型建筑工程实际绘制图例，注重教学过程与职业过程取向的一致性和系统性，让学生明确学习目标，增加学习的主观能动性，体现了本书的实用性。

　　（2）内容编排项目化。本书以项目为主线组织教学活动，打破传统知识传授方式，变书本知识传授为动手能力培养，体现职业能力为本位的职业教育思想，每个项目体现项目引导、任务驱动、教学做一体化的课程理念。

　　（3）教学目标科学化。本书为新形态教材，每个项目的开始都有学习目标、重点与难点和学习引导，在项目结束后有学习效果评价表，有利于教师确定每个项目教学要实现的最终质量标准，把握教学活动的总方向，并贯穿于教学活动的全过程，让学生知道每个项目做什么，具备哪些特征，从而达到目标的最佳途径，并在此基础上进行讨论与交流，以巩固知识和技能拓展。

本书以"必需、够用"为原则，减少了软件功能方面的文字描述，强调实践技能。在内容介绍方面通过具体的操作步骤，增强可操作性。每个项目后都附有技能拓展题，帮助学生掌握每个项目模块的学习内容。

本书为江苏城乡建设职业学院工程造价省级高水平专业群立项建设项目（项目编号：ZJQT21002310）。本书由江苏城乡建设职业学院朱少君担任主编。

本书在编写过程中参考了大量文献，在此向原作者表示感谢。由于编者水平有限，书中难免存在疏漏和不妥之处，敬请读者批评、指正。

编者

2022 年 4 月

目　　录

绪论 AutoCAD 和天正建筑软件概述

学习目标

● 知识目标

1. 认识 AutoCAD 和天正建筑软件功能。

2. 认识 AutoCAD 和天正建筑软件工作界面与工具。

● 能力目标

1. 掌握 AutoCAD 和天正建筑软件图形文件管理的方法。

2. 掌握 AutoCAD 的基本操作。

● 素质目标

培养学生能够有效地获取信息、正确地分析信息和自信地运用信息解决问题的能力，具备较强的创新意识和进取精神。

重点与难点

● 重点：掌握 AutoCAD 和天正建筑软件图形文件管理的方法。

● 难点：理解 AutoCAD 参数选项设置。

学习引导

1. 教师课堂教学指引：讲解 AutoCAD 和天正建筑软件的功能，演示图形文件管理和基本操作技巧。

2. 学生自主性学习：每个学生通过实际操作反复练习加深理解，提高操作技巧。

3. 小组合作学习：通过学生自评、小组互评、教师评价，总结软件初步操作，加强图形文件管理和基本操作能力。

0.1 AutoCAD 和天正建筑软件简介

1. AutoCAD 简介

AutoCAD 是由美国 Autodesk 公司开发的通用计算机辅助绘图与设计软件包，CAD 是计算机辅助设计（Computer Aided Design）的简称。AtuoCAD 自 1982 年问世以来已经进行了多次升级，从而使其功能逐渐强大，日趋完善。AutoCAD 具有完善的图形绘制功能和强大的图形编辑功能，拥有直观的用户界面、易于使用的对话框，使用方便并容易掌握。如今，AutoCAD 广泛应用于机械、建筑、土木、电子、服装、模具、航天和石油化工等领域，已经成为我国工程设计领域中应用最为广泛的计算机辅助设计软件之一。

2. 天正建筑软件简介

天正公司在 AutoCAD 平台上开发了一系列的建筑、暖通、电气等专业软件，特别是天正建筑软件，由于其具有人性化、智能化、参数化、可视化等多个重要特征，提高了绘图工作效率，得到了广泛的应用。天正建筑软件是一款在 AutoCAD 基础上二次开发的、用于建筑绘图的专业软件，由于其对建筑制图中涉及的反复出现、必然出现、必须符合建筑制图规范等的要求，软件开发者均制成了建筑模块，学习上也简单易懂，因而可以大大缩短绘制建筑工程图的时间，目前在各建筑设计院得到了广泛的应用。

0.2 AutoCAD 和天正建筑软件的工作界面

1. AutoCAD 的工作界面组成及功能

应用 AutoCAD 绘制图形之前，需要掌握 AutoCAD 工作界面各组成部分的分布及其相关功能。图 0-1 所示的是启动 AutoCAD 2014 后完整的工作界面，主要由应用程序菜单、快速访问工具栏、标题栏、信息中心、菜单栏、功能区、绘图区、坐标系、命令行和状态栏组成。

应用程序菜单　　　快速访问工具栏　　　标题栏　　　　　信息中心　　菜单栏

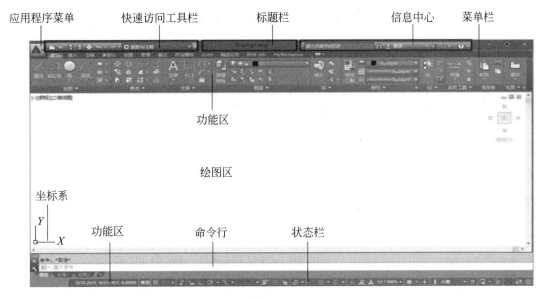

功能区

绘图区

坐标系

Y

X

功能区　　　　　命令行　　　　　状态栏

图　0-1

应用程序菜单：位于 AutoCAD 工作界面的左上方。单击该按钮，将弹出应用程序菜单。用户可以在其中选择相应的菜单命令，也可以标记常用命令以便日后查找，在该菜单中可以进行快速新建、打开、保存、打印和发布图形、退出 AutoCAD 等操作。

快速访问工具栏：用于存储经常使用的命令，单击快速访问工具栏右侧的下拉按钮，将弹出工具按钮选项菜单供用户选择。如在弹出的下拉列表框中选择"显示菜单栏"选项，可以在快速访问工具栏下方显示菜单栏，便于用户使用。

标题栏：位于窗口顶部，用于显示当前图形正在运行的程序名称及当前载入的图形文件名。如果图形文件还未命名，则标题栏中显示 Drawingl。

信息中心：可以帮用户同时搜索多个源（如帮助、新功能专题研学、网址和指定的文件）。

菜单栏：位于标题栏下方，主要包含默认、插入、注释、参数化、视图、管理、输出、附加模块、A360、精选应用、BIM360、Pefomance 共 12 个菜单项。

功能区：位于菜单栏下方，主要由选项卡和面板组成。在新建或打开文件时，会自动显示功能区，这里提供一个包括新建文件所需要的所有工具的小型面板，不同的选项卡下又集成多个面板，不同的面板上放置了大量的某一类型的工具，单击相应的命令按钮，可执行各种绘制及编辑命令，利用功能区面板上的按钮可以完成绘图过程中的大部分工作。

绘图区：窗口中央最大的空白区是绘图区，相当于一张图纸。绘图区是没有边界的，通过绘图区右侧及下方的滚动条可对当前绘图区进行上、下、左、右移动，用户可以在绘图区完成所有的绘图任务。

坐标系：位于绘图区的左下角，由两个相互垂直的短线组成的图形是坐标系图标，它是 AutoCAD 世界坐标（WCS）和用户坐标（UCS），随着窗口内容的移动而移动。默认模式下的坐标（WCS）是二维状态（X 轴正向水平向右，Y 轴正向垂直向上），三维状态下将显示 Z 轴正向垂直平面。

命令行：位于绘图区的下方，它是 AutoCAD 与用户对话的一个区域，用户通过键盘输入命令、参数等，AutoCAD 通过命令行反馈各种信息，用户应密切关注命令行中出现的信息，并按信息提示进行相应的操作。在输入过程中，Enter 键和 Space 键一般表示提交命令；Esc 键表示取消正在执行的命令，还可以按 F2 键打开和关闭文字命令的浮动窗口。

状态栏：位于工作界面的最下方，主要由当前光标的坐标值、辅助功能按钮、布局工具、导航工具、注释比例、当前工作空间的说明及状态栏菜单组成。

2. 天正建筑软件的工作界面及功能

天正建筑软件通过在 AutoCAD 的工作界面外挂屏幕菜单和工具栏来实现其各建筑模块功能，如图 0-2 和图 0-3 所示，在绘图和编辑过程中同时也可以运用 AutoCAD 的所有命令操作。

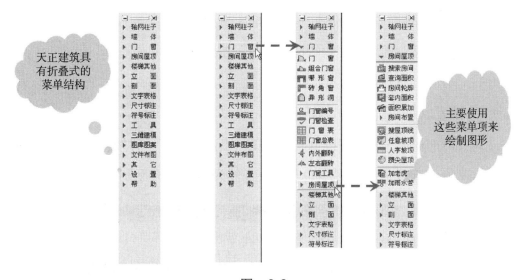

图　0-2

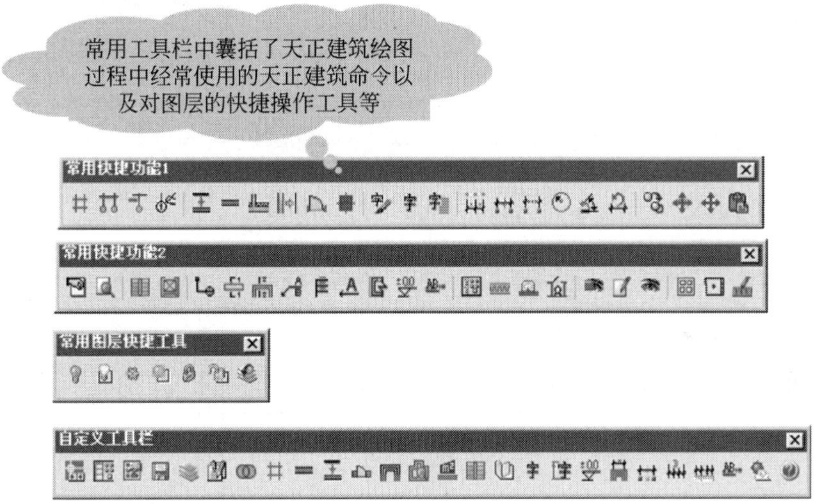

图　0-3

0.3　AutoCAD 和天正建筑软件的图形文件管理

AutoCAD 和天正建筑软件图形文件管理基本操作包括新建图形文件、打开图形文件、保存图形文件和关闭图形文件等。

1. 新建图形文件

在工作界面下建立一个新的图形文件，创建新图形文件常用以下几种方法。

（1）单击菜单栏中"文件"→"新建"命令。

（2）单击"标准"工具栏中的"新建"按钮。

（3）在"命令行"中输入：NEW ↙。

（4）按 Ctrl+N 组合键。

启动该命令后，弹出如图 0-4 所示的"选择样板"对话框，选择 acadiso.
dwt 样板文件并打开后，就会以 A3 样板文件为基础建立新图形。

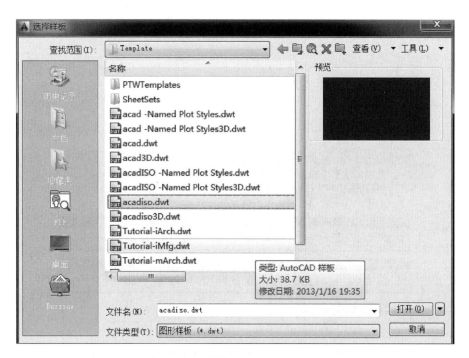

图　0-4

2. 打开图形文件

打开图形文件常用方法如下。

（1）单击菜单栏中"文件"→"打开"命令。

（2）单击"标准"工具栏中的"打开"按钮。

（3）在"命令行"中输入：OPEN ↙。

打开已有的图形文件应注意的问题如下。

（1）"文件"下拉菜单底部会显示最近打开过的文件。单击即可打开文件。

（2）按 Ctrl+Tab 组合键在多个同类图形文件间切换；按 Alt+Tab 组合键在

多个不同类型图形文件间切换。

（3）窗口中可同时观察几个已打开的图形文件。

（4）按住 Ctrl 键，可逐一选取文件；按住 Shift 键，可同时选取多个文件。

3. 保存图形文件

保存图形文件常用方法如下。

（1）单击菜单栏中"文件"→"保存"命令。

（2）单击"标准"工具栏中的"保存"按钮。

（3）在"命令行"中输入：QSAVE↙。

如果当前图形没有被命名保存过，AutoCAD 会弹出"图形另存为"对话框，通过该对话框指定文件的保存位置及名称后，单击"保存"按钮，即可实现保存。如果执行 QSAVE 命令前已对当前绘制的图形命名保存过，那么执行 QSAVE 命令后，AutoCAD 直接以原文件名保存图形，不再要求用户指定文件的保存位置和文件名。

0.4 AutoCAD 和天正建筑软件的基本操作

1. 执行 AutoCAD 命令的方式

执行 AutoCAD 命令的方式如下。

（1）通过键盘输入命令名称。

（2）通过单击菜单命令。

（3）单击工具栏上相应的按钮。

2. 重复执行 AutoCAD 命令的方式

重复执行 AutoCAD 命令的方式如下。

（1）按 Enter 键或按 Space 键。

（2）将光标移动至绘图窗口，右击，在弹出的快捷菜单中的第一行显示出重复执行上一次所执行的命令，选择此命令即可重复执行对应的命令。

3. 终止执行 AutoCAD 命令

在命令的执行过程中，用户可以通过按 Esc 键，或右击，在弹出的快捷菜单中选择"取消"命令的方式终止执行 AutoCAD 命令。

4. AutoCAD 图形显示控制

1）缩放视图

缩放命令改变图形的视觉显示尺寸，不会改变图形的实际尺寸，它只是改变图形在屏幕上的显示大小。

（1）命令执行方式有以下几种。

① 单击"视图"下拉菜单中的"缩放"选项，如图 0-5 所示。

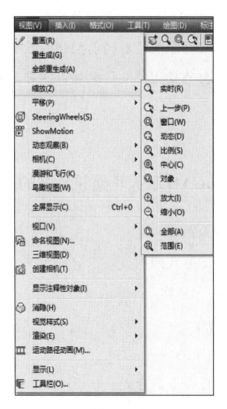

图　0-5

② 单击"缩放"工具栏中的相应按钮，如图 0-6 所示。

图　0-6

③ 单击"标准"工具栏中的相应按钮，如图 0-7 所示。

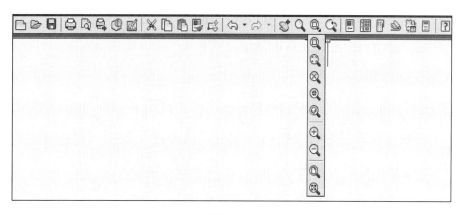

图 0-7

④ 在"命令行"中输入：ZOOM↙。

（2）各选项含义解释如下。

① 全部缩放（A）：将全部图形显示在屏幕上。

② 中心缩放（C）：以指定的点作为缩放中心，按输入的比例系数进行缩放。

③ 动态缩放（D）：通过拾取框来动态确定要显示的图形区域。

④ 范围缩放（E）：在屏幕上显示全部图形，不受图形界限的影响。

⑤ 缩放上一个（P）：返回到前面显示的图形视图。可以通过连续单击该按钮的方式依次往前返回，最多可以返回 10 次。

⑥ 比例缩放（S）：根据给定的比例来缩放图形，视图的中心位置不变。

⑦ 窗口缩放（W）：通过指定一个矩形的两个对角点来快速地放大该区域，放大后的图形居中显示。

⑧ 缩放对象（O）：在屏幕上全屏显示所选对象。

2）平移视图

在 AutoCAD 绘图过程中，可以移动整个图形，使图形的特定部分位于显示屏幕。平移不改变图形中对象的位置或放大比例，只改变视图。命令执行方式有以下几种。

（1）单击"视图"下拉菜单中的"平移"选项。

（2）单击"标准"工具栏上的相应按钮。

（3）在"命令行"中输入：PAN↙。

3）重生成图形

"重生成"命令是在当前视图中重生成整个图形并重新计算所有对象的屏幕坐标。它还能重新创建图形数据库索引，从而优化显示和对象选择的性能。该命令的执行方式有以下几种。

（1）单击"视图"下拉菜单中的"重生成"命令。

（2）在"命令行"中输入：REGEN↙。

【学习笔记】

项目 1　绘制平面图案

学习目标

● 知识目标

1. 熟悉 AutoCAD 工作界面及坐标知识。

2. 掌握 AutoCAD 常用绘图命令执行的方法。

3. 掌握 AutoCAD 常用修改命令执行的方法。

4. 熟悉图形文件管理方法。

● 能力目标

掌握 AutoCAD 绘图软件的基本操作。具有绘制平面图案的操作能力及绘图技艺。

● 素质目标

培养学生良好的安全意识和爱护设备意识，具备行业技术人员基本的职业道德。

重点与难点

● 重点：掌握绘制平面图案的基本命令和操作技巧。

● 难点：理解坐标输入的方法。

学习引导

1. 教师课堂教学指引：AutoCAD 绘图基本命令和操作技巧。

2. 学生自主性学习：学生通过实际操作反复练习，加深理解，提高操作技巧。

3. 小组合作学习：通过学生自评、小组互评、教师评价，总结绘图效果，提升绘图质量。

1.1 项目描述

本项目是学习使用 AutoCAD 的基本命令绘制如图 1-1 和图 1-2 所示的 2 个平面图案，并将其保存在电脑桌面"学号＋姓名"的文件夹中。学生通过平面图案的绘制过程，进一步熟悉 AutoCAD 绘图工作界面，掌握图形文件管理、设置绘图环境、坐标知识、图形的显示控制等，掌握 AutoCAD 基本绘图和修改工具的使用。

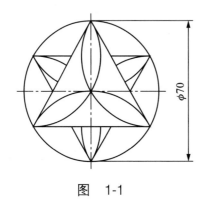

图   1-1

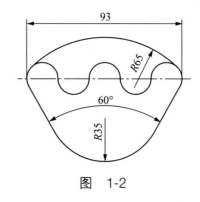

图   1-2

1.2 知识平台

1.2.1 AutoCAD 在建筑制图中的应用

AutoCAD 软件拥有强大的二维绘图能力，灵活方便的图形编辑修改功能，规范的文件管理功能，人性化的界面设计等，已经成为国际上广为流行的平面绘图工具。在土木建筑工程行业中，AutoCAD 已经被应用到从基本规划到详细设计的各个方面，应用 AutoCAD 可方便地绘制建筑工程图纸，并可快速、高效、精准地标注图形尺寸和打印图形，这已成为企业使用 AutoCAD 的技术水平的象征。现在各土木建筑企业纷纷对聘用人员提出了 AutoCAD 绘图的技能要求。

1.2.2 AutoCAD 部分基本绘图工具的使用方法

1. 直线

用户通过鼠标指定线的端点或利用键盘输入端点坐标，AutoCAD 就可将这些点连接成直线。LINE 命令可生成单条直线，也可生成连续折线。不过，由该命令生成的连续折线并非一个单独对象，折线中每条直线都是独立的对象，用户可以对每条直线进行编辑操作。

2. 多段线

多段线是作为单个对象创建的相互连接的序列直线段或弧线段。多段线可以具有恒定宽度，或者可以有不同的起点宽度和端点宽度。指定多段线的第一个点后，可以使用"宽度"选项来指定所有后来创建的线段的宽度。可以随时更改宽度值，甚至在创建线段时更改。

3. 正多边形

创建等边闭合多段线，可以指定多边形的各种参数来生成一个正多边形。

4. 圆

绘制圆可以指定圆心、半径、直径、圆周点、切点等各种组合形式。默认情况下，基于圆心和半径绘制圆。

5. 圆弧

绘制圆弧可以指定圆心、端点、起点、半径、角度、弦长和方向值的各种组合形式。默认情况下，以逆时针方向绘制圆弧。按住 Ctrl 键的同时拖动鼠标，以顺时针方向绘制圆弧。

1.2.3 AutoCAD 部分基本修改工具的使用方法

1. 阵列

阵列是将对象副本分布到行、列和标高的任意组合，或者围绕一个中心分布。阵列有矩形阵列和环形阵列两种方式。

2. 镜像

镜像工具用于创建选定对象的镜像副本。可以创建表示半个图形的对象，选择这些对象并沿指定的线进行镜像以创建另一半。默认情况下，镜像文字对象时，不更改文字的方向。如果确实要反转文字，需将 MIRRTEXT 系统变量设置为 1。

3. 修剪

修剪工具用于修剪对象与其他对象的边相接。要修剪对象，先选择边界，然后按 Enter 键并选择要修剪的对象。如果要将所有对象用作边界，在首次出现"选择对象"提示时按 Enter 键。

4. 圆角

通过创建与两个选定对象相切的圆弧来创建圆角，可以使用大多数类型的图案对象（包括直线、圆弧和多段线线段）创建圆角，如果指定 0 作为圆角的半径（想象一个圆收缩到半径为 0），会将选定的对象修剪或延伸为锐角。

1.3 项目实施

1.3.1 绘制平面图案 1

按照下述命令完成绘图，如图 1-3 所示。

命令：CIRCLE	画圆
指定圆的圆心或 [三点 (3P) / 两点 (2P) /	
相切、相切、半径 (T)]：	选取任意点为圆心✓
指定圆的半径或 [直径 (D)]：35	输入半径值✓
命令：POLYGON	画正多边形
输入边的数目< 6 >：3	输入边数 3 ✓
指定正多边形的中心点或 [边 (E)]：	选取中心点 A
输入选项 [内接于圆 (I) / 外切于圆 (C)] < I >：	输入内接于圆选项 I✓

指定圆的半径：	选取象限点 B
命令：ARC	画圆弧
指定圆弧的起点或 [圆心 (C)]：	选取交点 C
指定圆弧的第二个点或 [圆心 (C) / 端点 (E)]：	选取中心点 A
指定圆弧的端点：	选取交点 D

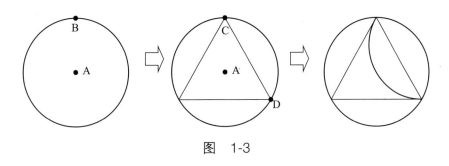

图 1-3

按照下述命令完成绘图，如图 1-4 所示。

命令：ARRAYPOLAR	环形阵列
选择阵列对象：	进入画面选取圆弧 E↙
指定阵列中心：	进入画面选取点 A
单击 " 项目 I" 选项输入阵列项目总数：	输入 3↙
单击 " 填充角度（F）" 选项输入阵列项目总数：	输入 360
命令：MIRROR	镜像
选择对象：	拾取点 F
指定对角点：	拾取点 G↙
选择对象：	按 Enter 键退出选取
指定镜像线的第一点：	选取交点 A
指定镜像线的第二点：	按 F8 键往 0 度方向点任选一点 H
是否删除源对象？[是 (Y) / 否 (N)] <N>：	按 Enter 键不删除源对象

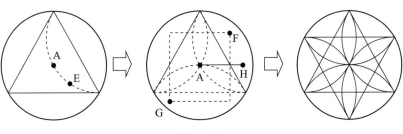

图 1-4

按照下述命令完成绘图，如图 1-5 所示。

命令：TRIM	修剪
选择修剪边界：	选取对象 I ✓
选择要修剪的对象：	选择边 J
选择要修剪的对象：	选择边 K
选择要修剪的对象：	选择边 L
选择要修剪的对象：	选择边 M
选择要修剪的对象：	选择边 N
选择要修剪的对象：	选择边 O
选择要修剪的对象：	按 Enter 键退出

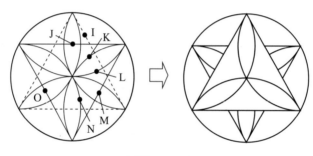

图 1-5

1.3.2 绘制平面图案 2

按照下述命令完成绘图，如图 1-6 所示。

命令：LINE	画直线
指定第一点：	选择任意一点为起点
指定下一点或［放弃 (U)］：93	按 F8 键往 0 度方向画长度为 93 的水平线✓
指定下一点或［放弃 (U)］：	按 Enter 键完成
命令：DIVIDE	定数等分
选择要定数等分的对象：	选择线段 A
输入线段数目或［块 (B)］：5	输入分段数 5 ✓
命令：CIRCLE	画圆

指定圆的圆心或 [三点 (3P) / 两点 (2P) /	
相切、相切、半径 (T)]：2P	输入两点定圆选项 2P ↙
指定圆直径的第一个端点：	选择端点 B
指定圆直径的第二个端点：	选择点 C

图 1-6

按照下述命令完成绘图，如图 1-7 所示。

命令：LINE	画直线
指定第一点：	输入 tan 选择切点 D
指定下一点或 [放弃 (U)]：@50<-60	输入另一点坐标 @50<-60
指定下一点或 [放弃 (U)]：	按 Enter 键完成
命令：TRIM	修剪
选择修剪边界：	选择线段 E 与 F ↙
选择要修剪的对象：	选择边 G
选择要修剪的对象：	按 Enter 键退出

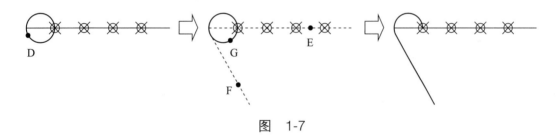

图 1-7

按照下述命令完成绘图，如图 1-8 所示。

命令：MIRROR	镜像
选择对象：	选择对象 H 与 I ↙
指定镜像线的第一点：	选择中点 J
指定镜像线的第二点：	按 F8 键，往 270 度方向选择任意一点 K
是否删除源对象？[是 (Y) / 否 (N)] <N>：	按 Enter 键不删除源对象
命令：FILLET	圆角
选择第一个对象或 [多段线 (P) / 半径 (R) /	

修剪 (T) / 多个 (U)]:	输入半径选项 R ↙
指定圆角半径 <10.0000>: 35	输入半径 35 ↙
选择第一个对象或 [多段线 (P) / 半径 (R) /	
修剪 (T) / 多个 (U)]:	选择线段 L
选择第二个对象:	选择线段 M

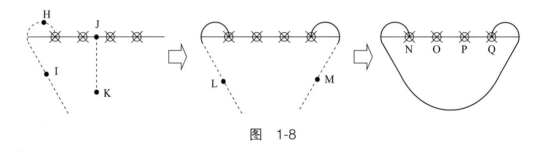

图　1-8

按照下述命令完成绘图，如图 1-9 所示。

命令: PLINE	画多段线
指定起点:	选择点 N
当前线宽为 0.0000	
指定下一个点或 [圆弧 (A) / 半宽 (H) /	
长度 (L) / 放弃 (U) / 宽度 (W)]: A	输入圆弧选项 A ↙
指定圆弧的端点或	
[角度 (A) / 圆心 (CE) / 方向 (D) /	
半宽 (H) / 直线 (L) / 半径 (R) / 第二	
个点 (S) / 放弃 (U) / 宽度 (W)]: A	输入角度选项 A ↙
指定包含角: 180	输入角度值 180 ↙
指定圆弧的端点或 [圆心 (CE) / 半径 (R)]:	选择点 O
指定圆弧的端点或	
[角度 (A) / 圆心 (CE) / 方向 (D) / 半宽 (H) /	
直线 (L) / 半径 (R) / 第二个点 (S) /	
放弃 (U) / 宽度 (W)]:	选择点 P
指定圆弧的端点或 [角度 (A) / 圆心 (CE) /	
方向 (D) / 半宽 (H) / 直线 (L) / 半径 (R) /	
第二个点 (S) / 放弃 (U) / 宽度 (W)]:	选择点 Q ↙
命令: ERASE	删除
选择对象:	选择点 R

指定对角点：	选择点 S
选择对象：	选择线 T ↙
命令：CIRCLE	画圆
指定圆的圆心或［三点 (3P) / 两点 (2P) /	
相切、相切、半径 (T)］：T	输入选项 T ↙
指定对象与圆的第一个切点：	选择切点 U
指定对象与圆的第二个切点：	选择切点 V
指定圆的半径＜10.0000＞：65	输入半径 65 ↙
命令：TRIM	修剪
选择修剪边界：	选择圆弧 X 与 W ↙
选择要修剪的对象：	选择边 Y ↙

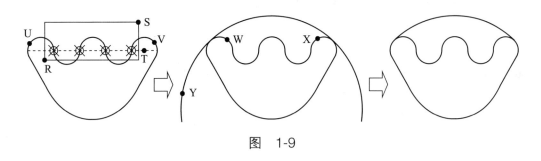

图 1-9

1.4 技 能 拓 展

1.4.1 绘制平面图案

用 AutoCAD 的基本绘图和修改命令完成的绘制如图 1-10 和图 1-11 所示两个平面图案。

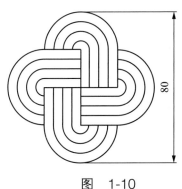

图 1-10

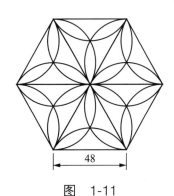

图 1-11

1.4.2 绘制平面图形

用 AutoCAD 的基本绘图和修改命令完成图 1-12 所示的平面图形的绘制。平面图形的绘制步骤如下。

（1）画出基准线：通过尺寸分析与线段分析，确定绘图的顺序，画出基准线。

（2）画已知线段。

（3）画中间线段。

（4）画连接线段。

（5）对线条进行加粗、整理，标注尺寸。

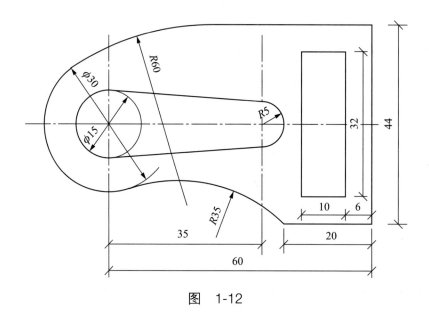

图　1-12

【学习笔记】

本项目的学习效果评价参照表 1-1 进行。

表 1-1　绘制平面图案学习效果评价表

项目名称								
专业		班级		姓名			学号	
评价内容	评价指标			分数	自我评价（25%）	小组评价（25%）	老师评价（50%）	得分
学习态度	出勤情况、学习主动性、语言表达、团队协作			10				
项目实施	图形文件管理			10				
	平面图案绘制是否正确			40				
	线型线宽设置是否正确			10				
项目质量	图线清晰、标注准确、图面整洁			10				
学习方法	创新思维能力、计划能力、解决问题能力			20				
教师签名		日期				成绩评定		

项目 2 绘制建筑平面图

📖 学习目标

● **知识目标**

1. 理解建筑平面图的图示方法。

2. 理解图层的含义，掌握图层命名、创建、修改、控制和有效使用方法。

3. 掌握天正建筑软件绘图辅助工具的操作应用。

4. 掌握天正建筑软件图形选择和编辑方法。

● **能力目标**

具有建筑平面施工图的识读能力及运用天正建筑软件绘图的能力。

● **素质目标**

培养学生从识图到绘图的良好习惯，具备建筑工程技术人员应有的科学、严谨、精准的工作作风和良好的职业道德。

📝 重点与难点

● 重点：掌握运用天正建筑软件绘制建筑平面施工图的基本命令和操作技巧。

● 难点：理解建筑平面图的图示方法，掌握楼梯创建与绘制方法。

🖥 学习引导

1. 教师课堂教学指引：运用天正建筑软件绘制建筑平面施工图的基本命令和操作技巧。

2. 学生自主性学习：学生通过实际操作反复练习、加深理解，提高操作技巧。

3. 小组合作学习：通过学生自评、小组互评、教师评价，总结绘图效果，提升绘图质量。

2.1　项目描述

建筑平面图是建筑施工图的基本图样，它是用一假想水平剖切平面将房屋各层沿窗台以上适当部位剖切开，对剖切平面以下部分所作的水平投影图，用于反映房屋的平面形状、大小，房屋的布置，墙或柱的位置、尺寸和材料，以及门窗的类型和位置等。本项目运用天正建筑软件的绘图案例是某二层住宅底层平面图（图 2-1）。

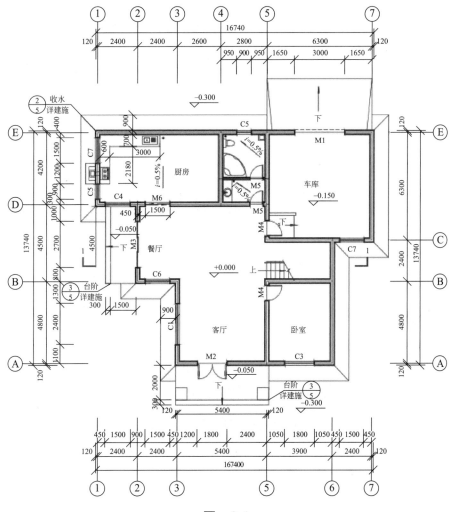

图　2-1

2.2 知识平台

2.2.1 建筑平面图的图示方法

由于建筑物每层平面的功能布局不同，因此建筑平面图的空间组合也不同。每一层的平面图都应该画，但当中间某几层的功能完全一样时，可用标准层平面图来代替，并在图中做相应说明。因此，任何一个多层建筑都应该包括底层平面图、标准层平面图和屋顶平面图，才能够满足建筑工程施工各项具体要求。

2.2.2 轴网的概念

轴网是由两组至多组轴线与轴号、尺寸标注组成的平面网格，是建筑物单体平面布置和墙柱构件定位的依据。天正建筑软件完整的轴网由轴线、轴号和尺寸标注三个相对独立的系统构成。

2.2.3 柱子的概念

柱子在建筑设计中主要起到结构支撑作用，有时候柱子也用于纯粹的装饰。天正建筑软件以自定义对象来表示柱子，但各种柱子对象定义不同，标准柱用底标高、柱高和柱截面参数描述其在三维空间的位置和形状；构造柱用于砖混结构，只有截面形状而没有三维数据描述，只服务于施工图。

2.2.4 墙体的概念

墙体是天正建筑软件中的核心对象，它模拟实际墙体的专业特性构建而成，因此可实现墙角的自动修剪、墙体之间按材料特性连接、与柱子和门窗互相关联等智能特性，并且墙体是建筑房间的划分依据，因此理解墙对象的概念非常重要。墙对象不仅包含位置、高度、厚度等几何信息，还包括墙类型、材料、内外墙等内在属性。

2.2.5 门窗的概念

天正建筑软件中的门窗是一种附属于墙体并需要在墙上开启洞口，带有编号的 AutoCAD 自定义对象，它包括通透的和不通透的墙洞；门窗和墙体建立了智能联动关系。门窗和其他自定义对象一样可以用 AutoCAD 的命令和夹点编辑修改，并可通过电子表格检查和统计整个工程的门窗编号。门窗对象附属在墙对象之上，离开墙体的门窗就将失去意义。门窗创建对话框中提供输入门窗所有需要的参数，包括编号、几何尺寸和定位参考距离。

2.2.6 楼梯的概念

天正建筑软件提供了由自定义对象建立的基本梯段对象，包括直线、圆弧与任意梯段，由梯段组成了常用的双跑楼梯对象、多跑楼梯对象，考虑了楼梯对象在二维与三维视口下的不同可视特性。双跑楼梯具有梯段方便地改为坡道、标准平台改为圆弧休息平台等灵活可变特性，各种楼梯与柱子在平面相交时，楼梯可以被柱子自动剪裁；天正建筑软件中双跑楼梯的上下行方向标识符号可以随对象自动绘制，剖切位置可以预先按踏步数或标高定义。

2.2.7 图形标注的概念

文字表格的绘制在建筑制图中占有重要的地位，所有的符号标注和尺寸标注的注写都离不开文字内容，而必不可少的设计说明图面主要是由文字和表格所组成。

天正建筑软件开发的自定义文字对象可方便地书写和修改中西文混合文字，可使组成天正文字样式的中西文字体有各自的宽高比例，方便输入和变换文字的上、下标。特别是天正建筑软件对 AutoCAD 的 SHX 字体与 Windows 的 True type 字体存在名义字高与实际字高不等的问题做了自动修正，使汉字与西文的文字标注符合国家制图标准的要求。此外，由于我国的建筑制图规范规定了一些特殊的文字符号，在 AutoCAD 中提供的标准字体文件中无法解决，国内自制的各种中文字体繁多，不利于图档交流，为此天正建筑软件在文字对象中提供了多种特殊符号，如钢号、加圈文字、上标、下标等，但与非对象格式文件交流时要进行格式转换处理。

天正表格是一个具有层次结构的复杂对象，用户应该完整地掌握如何控制表格的外观表现，制作出美观的表格。天正表格对象除了独立绘制外，还在门窗表和图纸目录、窗日照表等处应用。

尺寸标注是设计图纸中的重要组成部分，图纸中的尺寸标注在国家颁布的建筑制图标准中有严格的规定，直接沿用 AutoCAD 本身提供的尺寸标注命令不符合建筑制图标准的要求，特别是编辑尺寸尤其显得不便，为此天正建筑软件提供了自定义的尺寸标注系统，完全取代了 AutoCAD 的尺寸标注功能，分解后退化为 AutoCAD 的尺寸标注。

按照建筑制图国家标准中各种工程符号规定画法，天正软件提供了一整套的自定义工程符号对象，这些符号对象可以方便地绘制剖切号、指北针、引注箭头，绘制各种详图符号、引出标注符号。使用自定义工程符号对象，不是简单地插入符号图块，而是在图上添加了代表建筑工程专业含义的图形符号对象，工程符号对象提供了专业夹点定义，内部保存有对象特性数据，用户除了在插入符号的过程中通过对话框的参数控制选项外，根据绘图的不同要求，还可以在图上已插入的工程符号上拖动夹点或者按 Ctrl+1 组合键启动对象特性栏，在其中更改工程符号的特性，双击符号中的文字，启动在位编辑，即可更改文字内容。

2.3　项 目 实 施

2.3.1　创建轴网和柱子

1. 绘制轴网

通过执行"轴网柱子"→"绘制轴网"命令，可弹出"绘制轴网"对话框，根据轴网类型选择"直线轴网"或"弧形轴网"，输入相应的参数，如图 2-2 所示。本项目绘制完的轴网如图 2-3 所示。

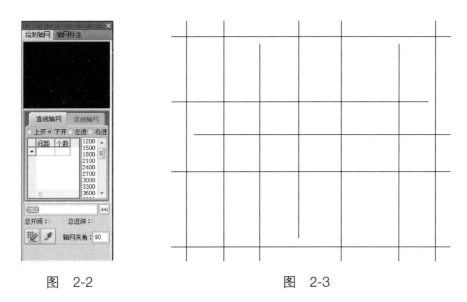

图 2-2 　　　　　图 2-3

2.轴网标注

轴网标注包括轴号标注和尺寸标注，轴号可按规范要求用数字、大小写字母、双字母、双字母间隔连字符等方式标注，以适应各种复杂分区轴网。可采用下列操作方法之一调用该命令，弹出的对话框如图 2-4 所示。本项目绘制完的轴网标注如图 2-5 所示。

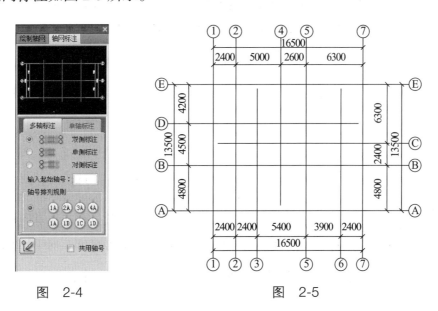

图 2-4 　　　　　图 2-5

（1）单击天正建筑软件快捷工具栏中的"两点轴标"按钮。

（2）选择"轴网柱子"→"轴网标注"命令。

（3）在命令行中输入 Ldzb 并按 Enter 键执行命令。

3. 轴网编辑

（1）"添加轴线"菜单后，提示语言及操作过程如下。

选择参考轴线单击"退出"键（此时用鼠标左键选择所添加轴线的附近主轴线），确认新增轴线是否为附加轴线，在 [是 (Y)/ 否 (N)]<N> 选项中输入 Y。

在偏移方向选项处单击"退出"键。

在距参考轴线的距离处单击"退出"键，输入新增轴线和参考轴线的距离，按 Enter 键，即可完成创建轴，使用相同方法添加轴线。

（2）轴线剪裁：该命令可根据设定的多边形与直线范围，裁剪多边形内的轴线或者某一侧的轴线。

（3）轴改线型：该命令可在点画线和连续线两种线型之间切换。建筑制图要求轴线必须使用点画线，但由于点画线不便于对象捕捉，因此常在绘图过程使用连续线，在输出的时候切换为点画线。

（4）添加轴号：该命令可在矩形、弧形、圆形轴网中对新增轴线添加轴号，新添轴号成为原有轴网轴号对象的一部分，但不会生成轴线，也不会更新尺寸标注，适合于以其他方式增添或修改轴线后进行的轴号标注。

（5）删除轴号：该命令用于在平面图中删除个别不需要的轴号，被删除轴号两侧的尺寸合并为一个尺寸，并可根据需要决定是否调整轴号，用户可框选多个轴号一次删除。

4. 创建柱子

使用"标准柱"命令既可以在轴线的交点或任意位置插入矩形柱、圆柱或正多边形柱，还可以创建异形柱。使用"角柱"命令可以在墙角插入位置及形状与墙体一致的角柱，用户可更改角柱各肢的长度和宽度。使用"构造柱"命令可以在墙角拐角处、纵横墙交叉处或墙体内插入构造柱，用户可以依据所选择的墙角形状为基准，输入构造柱的具体尺寸并指定对齐方式。命令的调用如下。

（1）插入标准柱：执行"轴网柱子"→"标准柱"命令（图 2-6）。

（2）插入角柱：执行"轴网柱子"→"角柱"命令。

（3）插入构造柱：执行"轴网柱子"→"构造柱"命令。

2.3.2　创建墙体

1. 墙体的绘制

墙体常使用"绘制墙体"命令创建或由"单线变墙"命令从直线、圆弧或轴网转换，创建墙体的具体方法如下。

1）绘制墙体

本命令启动名为"绘制墙体"的非模式对话框，如图 2-7 所示，其中可以设定墙体参数，不必关闭对话框即可直接使用"直墙""弧墙"和"矩形布置"三种方式绘制墙体对象，墙线相交处自动处理，墙宽随时定义、墙高随时改变，在绘制过程中墙端点可以回退，为了准确地定位墙体端点位置，天正建筑软件内部提供了对已有墙基线、轴线和柱子的自动捕捉功能。必要时也可以按F3 键打开 AutoCAD 的捕捉功能。

图　2-6

图　2-7

2）单线变墙

本命令有两个功能：一是将 LINE、ARC、PLINE 绘制的单线转为墙体对象，其中，墙体的基线与单线相重合；二是基于设计好的轴网创建墙体，然后进行编辑，创建墙体后仍保留轴线，智能判断并清除轴线的伸出部分，本命令可以自动识别新旧两种多段线。通过系统变量 PELLIPSE 设置为 1，创建基于多段线的椭圆，用本命令生成椭圆墙。

2. 墙体的编辑

墙体对象支持 AutoCAD 的通用编辑命令，可使用包括"偏移"（Offset）、"修剪"（Trim）、"延伸"（Extend）等命令进行修改，对墙体执行以上操作时均不必显示墙基线。此外可直接使用"删除"（Erase）、"移动"（Move）和"复制"（Copy）命令进行多个墙段的编辑操作。软件中也有专用编辑命令对墙体进行专业意义的编辑，简单的参数编辑只需要双击墙体即可进入"对象编辑"对话框，拖动墙体的不同夹点可改变长度与位置。

（1）倒墙角：本命令功能与 AutoCAD 的"圆角"（Fillet）命令相似，专门用于处理两段不平行的墙体的端头交角，使两段墙以指定圆角半径进行连接，圆角半径按墙中线计算。

（2）倒斜角：本命令功能与 AutoCAD 的"倒角"（Chamfer）命令相似，专门用于处理两段不平行的墙体的端头交角，使两段墙以指定倒角长度进行连接，倒角距离按墙中线计算。

（3）修墙角：本命令提供对属性完全相同的墙体相交处的清理功能，可以一次框选多个墙角批量修改。当用户使用 AutoCAD 的某些编辑命令，或者夹点拖动对墙体进行操作后，墙体相交处有时会出现未按要求打断的情况，采用本命令框选墙角可以轻松处理。

（4）基线对齐：本命令用于纠正以下两种情况的墙线错误：一是由于基线不对齐或不精确对齐而导致墙体显示或搜索房间出错；二是由于短墙存在而造成墙体显示不正确情况下去除短墙并连接剩余墙体。

（5）边线对齐：本命令用来对齐墙边，并维持基线不变，边线偏移到给定的位置。即维持基线位置和总宽不变，通过修改左右宽度达到边线与给定位置对齐的目的。通常用于处理墙体与某些特定位置的对齐，特别是和柱子的边线对齐。墙体与柱子的关系并非都是中线对中线，要把墙边与柱边对齐，有两个途径，直接用基线对齐柱边绘制，或者先快速地沿轴线绘制墙体，待绘制完毕后用本命令处理。后者可以把同一延长线方向上的多个墙段一次取齐。

本项目绘制完成后的墙体和柱如图 2-8 所示。

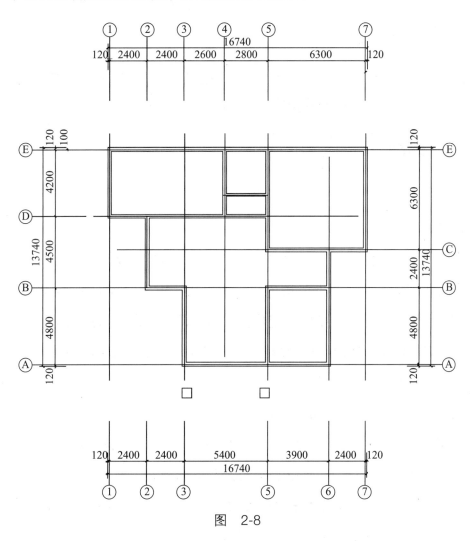

图　2-8

2.3.3　创建门窗

门窗是天正建筑软件中的核心对象之一，其类型和形式非常丰富，然而大部分门窗都使用矩形的标准洞口，并且在一段墙或多段相邻墙内连续插入，规律十分明显。创建这类门窗，就是要在墙上确定门窗的位置。

"门窗"菜单命令提供了多种定位方式，以便用户快速在墙内确定门窗的位置。本命令支持动态输入方式，在拖动定位门窗的过程中按 Tab 键可切换门窗定位的当前距离参数，通过键盘直接输入数据进行定位，适用于各种门窗定位方式混合使用，图 2-9 为拖动门窗的情况。

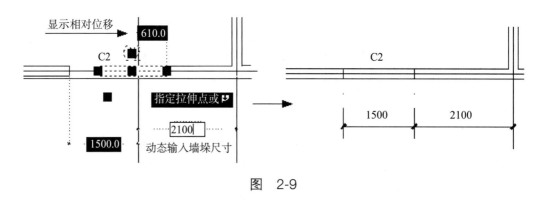

图 2-9

1. 插门

本命令可创建普通门、子母门和门连窗，门参数对话框下有一工具栏，为定位模式图标，对话框上是待创建门的参数，由于门界面是无模式对话框，单击工具栏图标选择门类型以及定位模式后，即可按命令行提示进行交互插入门。可从编号列表中选择"自动编号"，会按洞口尺寸自动给出门编号。图 2-10 中为绘制门界面各个功能的介绍。

图 2-11 中列举了各个布置方式的位置。

预览图：查看当前门的平面、立面样式，可单击"预览图"进入门窗库进行样式的修改。子母门、门连窗只可修改立面样式。

门尺寸:其中的参数需要用户自己设定。可单击门宽、门高、门槛高等按钮，到图中拾取已有门对象尺寸，或尺寸线值。

以门宽为例，单击"门宽"按钮后，命令行提示：请选择参考门窗或尺寸线"退出"：如选择了参考门，则将该门的门宽尺寸值提取到当前对话框显示；如选择了尺寸线，则将尺寸线的值提取到当前对话框显示。

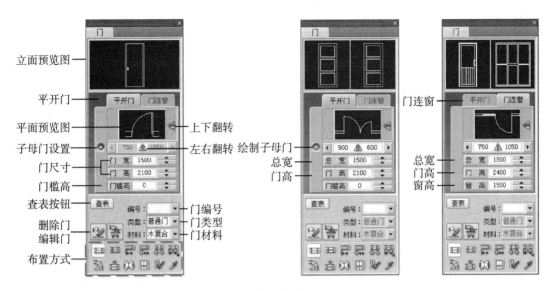

图　2-10

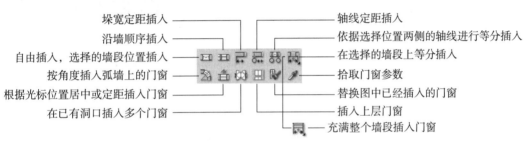

图　2-11

子母门：在"平开门"选项卡中，通过单击子母门开关设置进行子母门的插入，当开关开始时，可设置子母门参数，进行插入；当开关关闭时，进行普通门的插入。

门连窗：当切换到"门连窗"选项卡中，可进行门连窗的插入，其中门连窗的平面样式不可进行选择。

查表：该命令可随时验证图中已经插入的门窗，如图 2-12 所示。可单击行首取某个门窗编号，单击"确定"按钮把该编号的门窗取到当前，注意选择的类型要匹配当前插入的门或者窗，否则会出现"类型不匹配，请选择同类门窗编号！"的警告提示。

2. 插窗

插窗命令可创建普通窗，窗参数对话框下有一工具栏，为定位模式图标，对话框上是待创建窗的参数，由于窗界面是无模式对话框，单击工具栏图标选择窗类型以及定位模式后，即可按命令行提示进行交互插入窗，从编号列表中选择"自动编号"，会按洞口尺寸自动给出窗编号。图 2-13 中对绘制窗界面各个功能进行了介绍，布置方式中的各项操作同插门一样。

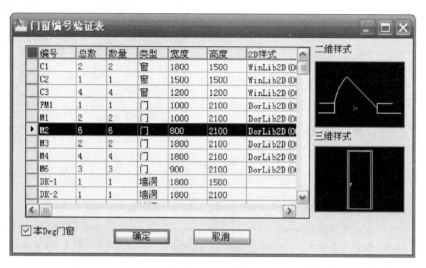

图　2-12

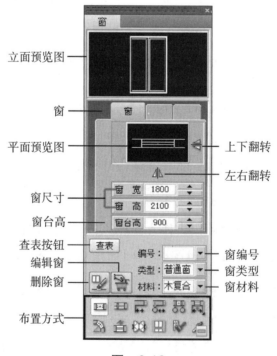

图　2-13

本项目绘制完门窗后的效果如图 2-14 所示。

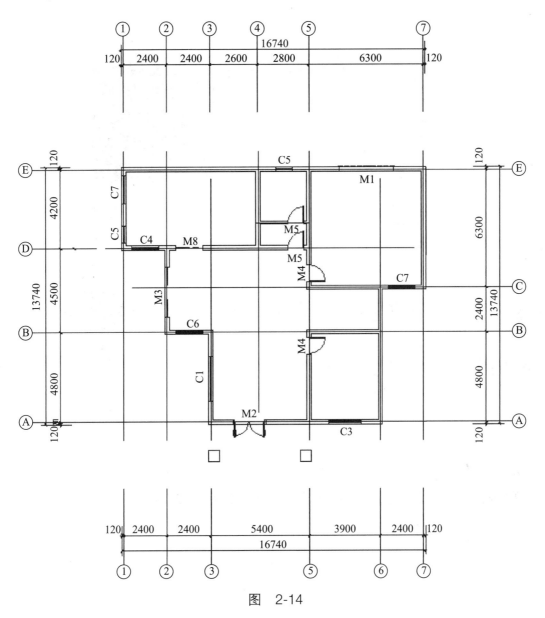

图　2-14

2.3.4　创建楼梯

1. 直线梯段

直线梯段命令用于在对话框中输入梯段参数绘制直线梯段，可以单独使用或用于组合复杂楼梯与坡道，"添加扶手"命令可以为梯段添加扶手，对象编辑显示上下剖断后重生成，添加的扶手能随之切断。单击"直线梯段"菜单命令后，显示"直线梯段"对话框，上图为默认的折叠效果，下图为展开后的效果，如图 2-15 所示。

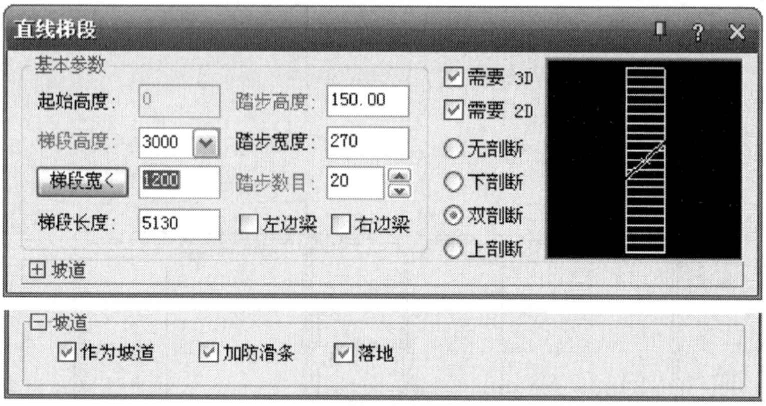

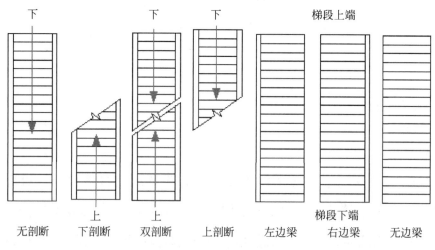

图　2-15

在无模式对话框中输入参数后，拖动光标到绘图区，命令行提示：

单击位置或 [转 90 度 (A) / 左右翻 (S) /
上下翻 (D) / 对齐 (F) / 改转角 (R) /
改基点 (T)] < 退出 >：　　　　　　　　单击梯段的插入位置和转角插入梯段

直线梯段为自定义的构件对象，因此具有夹点编辑的特征，同时可以用对象编辑重新设定参数。直线梯段的绘图实例如图 2-16 所示，图中上下楼方向箭头和文字用"箭头引注"命令添加。

图　2-16

2. 圆弧梯段

"圆弧梯段"命令用以创建单段弧线型梯段，适合单独的圆弧楼梯，也可与直线梯段组合创建复杂楼梯和坡道，如大堂的螺旋楼梯与入口的坡道。单击"圆弧梯段"菜单命令后，对话框显示如图 2-17 所示。

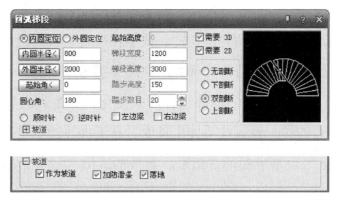

图　2-17

在对话框中输入楼梯的参数，可根据右侧的动态显示窗口，确定楼梯参数是否符合要求。对话框中的选项与"直线梯段"类似，然后拖动光标到绘图区，命令行提示：

单击位置或 [转 90 度 (A) / 左右翻 (S) / 上下翻 (D) / 对齐 (F) / 改转角 (R) / 改基点 (T)] < 退出 >：　　　　　　单击梯段的插入位置和转角插入圆 　　　　　　　　　　　　　　　　　　　　　　弧梯段

圆弧梯段为自定义对象，可以通过拖动夹点进行编辑，夹点的意义如图 2-18 所示，也可以双击楼梯进入"对象编辑"重新设定参数。

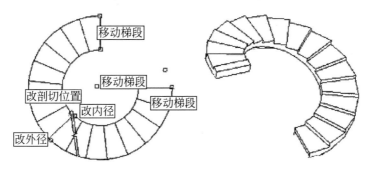

图　2-18

3.双跑梯段

双跑楼梯是最常见的楼梯形式，由两跑直线梯段、一个休息平台、一个或两个扶手和一组或两组栏杆构成自定义对象，具有二维视图和三维视图。双跑楼梯可分解为直线梯段、平板和扶手栏杆等基本构件，楼梯方向线在天正建筑中属于楼梯对象的一部分，方便随着剖切位置改变自动更新位置和形式，天正建筑软件中还增加了扶手的伸出长度、扶手在平台是否连接、梯段之间位置可任意调整、特性栏中可以修改楼梯方向线的文字等新功能。

双跑楼梯对象包括常见的构件组合形式变化，如是否设置两侧扶手、中间扶手在平台是否连接、设置扶手伸出长度、有无梯段边梁（尺寸需要在特性栏中调整）、休息平台是半圆形或矩形、有效的疏散半径等，尽量满足建筑的个性化要求。

单击"双跑楼梯"菜单命令后，显示"双跑楼梯"对话框，如图 2-19 所示中，上图为默认的折叠效果，下图为展开后的效果。

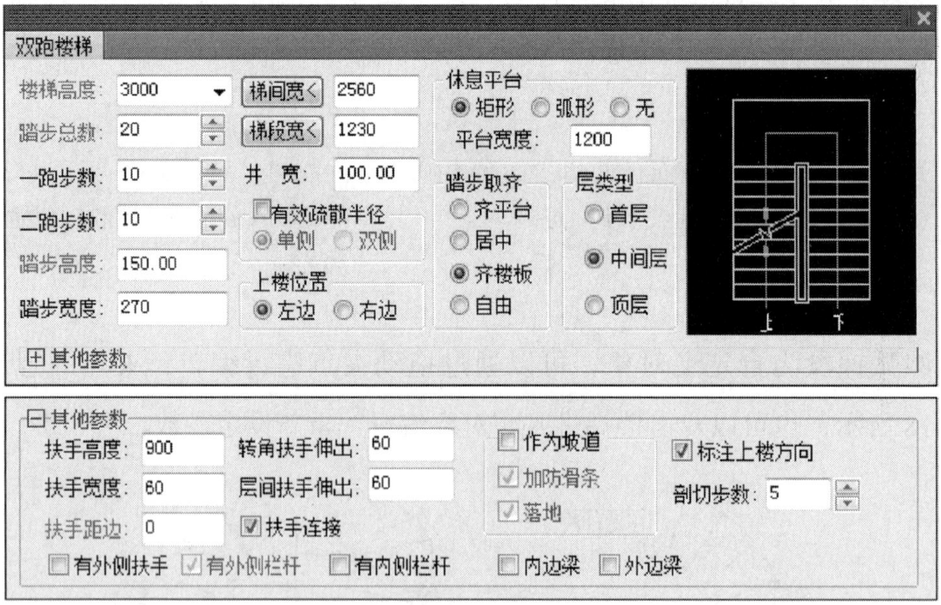

图 2-19

在确定楼梯参数和类型后即可把光标拖到作图区插入楼梯，命令行提示：

单击位置或 ［转 90 度 (A) / 左右翻 (S) / 上下翻 (D) / 对齐 (F) / 改转角 (R) / 改基点 (T)］< 退出 >：	键入关键字改变选项并单击插入楼梯

双跑楼梯为自定义对象，可以通过拖动夹点进行编辑，夹点的意义如图 2-20 所示，也可以双击楼梯进入对象编辑重新设定参数。

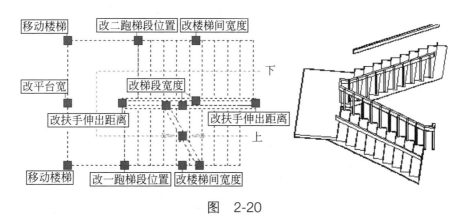

图 2-20

本项目底层平面图中的楼梯绘制完后的效果如图 2-21 所示。

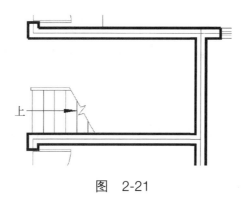

图 2-21

2.3.5 创建图形标注

1. 文字表格

（1）文字样式：天正建筑软件中的文字样式由分别设定参数的中西文字体或者 Windows 字体组成，由于天正建筑软件扩展了 AutoCAD 的文字样式，可以分别控制中英文字体的宽度和高度，达到文字的名义高度与实际可量度高度统一的目的，字高由使用文字样式的命令确定。单击"文字样式"菜单命令后，显示"文字样式"对话框，如图 2-22 所示。

图　2-22

（2）单行文字：本命令使用已经建立的天正文字样式，输入单行文字，可以方便为文字设置上下标、加圆圈、添加特殊符号，以及导入专业词库内容。单击"单行文字"菜单命令后，显示"单行文字"对话框，如图 2-23 所示。

图　2-23

（3）多行文字：本命令使用已经建立的天正文字样式，按段落输入多行中文文字，可随时拖动夹点改变页宽。单击"多行文字"菜单命令后，显示"多行文字"对话框，如图 2-24 所示。

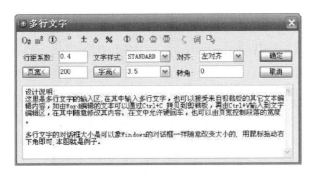

图 2-24

（4）新建表格：本命令从已知行列参数通过对话框新建一个表格，提供以最终图纸尺寸值（毫米）为单位的行高与列宽的初始值，考虑了当前比例后自动设置表格尺寸大小。单击"新建表格"菜单命令后，显示"新建表格"对话框，如图 2-25 所示。

图 2-25

在对话框中输入表格的标题以及所需的行数和列数，单击"确定"按钮后，命令行提示：

左上角点或 [参考点 (R)]< 退出 >：	在绘图窗口单击给出表格在图上的位置

单击选中表格，双击需要输入的单元格，即可启动"在位编辑"功能，在编辑栏进行文字输入。

2.尺寸标注

（1）门窗标注：本命令适合标注建筑平面图的门窗尺寸，有两种使用方式，一是在平面图中参照轴网标注的第一、二道尺寸线，自动标注直墙和圆弧墙上的门窗尺寸，生成第三道尺寸线；二是在没有轴网标注的第一、二道尺寸线时，在用户选定的位置标注出门窗尺寸线。单击菜单命令后，命令行提示：

请用线选第一、二道尺寸线及墙体	
起点＜退出＞：	在第一道尺寸线外面不远处取一个点 P1
终点＜退出＞：	在外墙内侧取一个点 P2，系统自动定位置绘制该段墙体的门窗标注
选择其他墙体：	添加被内墙断开的其他要标注墙体，按 Enter 键结束命令

（2）墙厚标注：本命令在图中一次标注两点连线经过的一至多段天正墙体对象的墙厚尺寸，标注中可识别墙体的方向，标注出与墙体正交的墙厚尺寸，在墙体内有轴线存在时标注以轴线划分的左右墙宽，墙体内没有轴线存在时标注墙体的总宽。单击菜单命令后，命令行提示：

直线第一点＜退出＞：	在标注尺寸线处单击起始点
直线第二点＜退出＞：	在标注尺寸线处单击结束点

（3）两点标注：本命令为两点连线附近有关系的轴线、墙线、门窗、柱子等构件标注尺寸，并可标注各墙中点或者添加其他标注点，单击菜单命令后，命令行提示：

选择起点（当前墙面标注）或 [墙中标注 (C)]	
＜退出＞：	在标注尺寸线一端单击起始点或键入 C 进入墙中标注，提示相同
选择终点＜退出＞：	在标注尺寸线另一端单击结束点
选择标注位置点：	通过光标移动的位置，程序自动搜索离尺寸段最近的墙体上的门窗和柱子对象，靠近哪侧的墙体，该侧墙上的门窗、柱子对象的尺寸线会被预览出来
选择终点或门窗柱子：	可继续选择门窗柱子标注，按 Enter 键结束选择

取点时可选用有对象捕捉（按 F3 键切换）的取点方式定点，天正建筑软件将前后多次选定的对象与标注点一起完成标注。

（4）逐点标注：本命令是灵活通用的标注工具，对选取的一串给定点沿指定方向和选定的位置标注尺寸。特别适用于没有指定天正对象特征，需要取点定位标注的情况，以及其他标注命令难以完成的尺寸标注。单击菜单命令后，命令行提示：

起点或 [参考点 (R)]< 退出 >：	单击第一个标注点作为起始点
第二点 < 退出 >：	单击第二个标注点
请单击尺寸线位置或 [更正尺寸线方向 (D)]< 退出 >：	
	拖动尺寸线，单击尺寸线就位点，或键入 D 选项选取线或墙对象用于确定尺寸线方向
请输入其他标注点或 [撤销上一标注点 (U)]< 结束 >：	
	继续取点，按 Enter 键结束命令

3. 标高标注

本命令在界面中分为两个页面，分别用于建筑图中的标高标注和总图中的标高标注。标高文字提供夹点，需要时可以拖动夹点移动标高文字。单击"标高标注"菜单命令后，显示"标高标注"对话框，如图 2-26 所示。

图　2-26

在建筑标高页面，界面左方显示一个输入标高和说明的电子表格，在楼层标高栏中可填入一个起始标高，右栏可以填入相对标高值，用于标注建筑和结构的相对标高，此时两者均可服从动态标注，在移动或复制后根据当前位置坐标自动更新；当勾选"手工输入"复选框，右栏填入说明文字后，此标高成为注释性标高符号，在复制与移动时显示红色，说明不能动态更新，如图 2-27 所示。

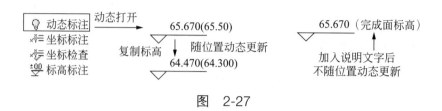

图　2-27

"多层标高"按钮用于处理多层标高的电子表格自动输入和清理，如图 2-28 所示。

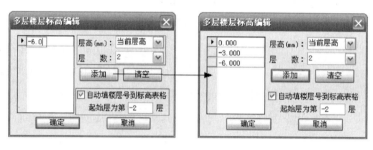

图　2-28

4. 图名名称

一个图形中绘有多个图形或详图时，需要在每个图形下方标出该图的图名，并且同时标注比例，比例变化时会自动调整其中文字的大小，单击菜单命令后，显示"图名标注"对话框，如图 2-29 所示。

图　2-29

在对话框中编辑好图名内容，选择合适的样式后，按命令行提示标注图名，图名和比例间距可以在"天正选项"命令中预设，已有的间距可在特性栏中修改"间距系数"进行调整，该系数为图名字高的倍数。双击图名标注对象进入对话框修改样式设置，双击图名文字或比例文字进入在位编辑修改文字，移动图名标注夹点设在对象中间，可以用捕捉对齐图形中心线获得良好效果。

本项目在创建各种图形标注后，最终完成的图样如图 2-1 所示。

2.4 技能拓展

2.4.1 绘制二层平面图

用前述"底层平面图"的绘制方法，绘制如图 2-30 所示的二层平面图，在绘制过程中注意雨篷、门窗、楼梯与底层平面图不同之处，绘制完成后保存为"二层平面图"文件。

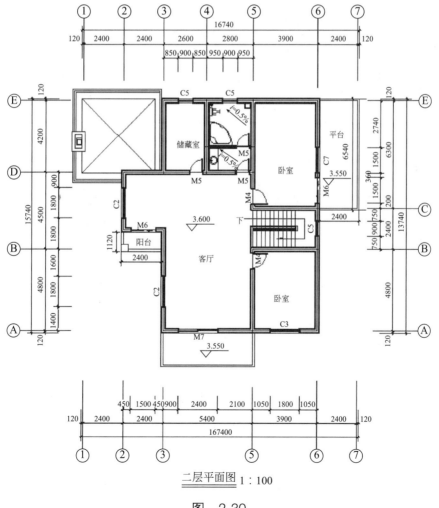

二层平面图 1∶100

图 2-30

2.4.2 绘制屋顶平面图

在平面图的轴网基础上进行屋面、屋脊、排水天沟等绘制，如图 2-31 所示，绘制完成后，保存为"屋顶平面图"文件。

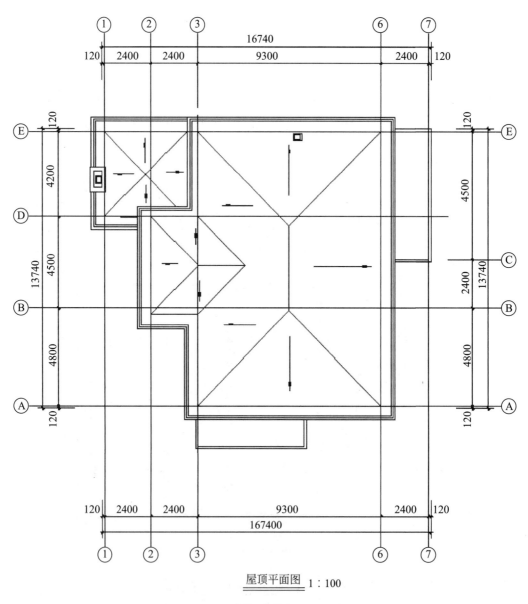

屋顶平面图 1 : 100

图　2-31

【学习笔记】

本项目的学习效果评价参照表 2-1 进行。

表 2-1　项目 2 绘制建筑平面图学习效果评价表

项目名称								
专业			班级		姓名		学号	
评价内容	评价指标			分数	自我评价（25%）	小组评价（25%）	老师评价（50%）	得分
学习态度	出勤情况、学习主动性、语言表达、团队协作			10				
项目实施	绘制轴网、轴网标注			10				
	绘制墙体、绘制门窗、绘制楼梯			20				
	绘制台阶、散水及细部			10				
	标注尺寸、文本、各种符号和图例			20				
项目质量	绘图符合规范、图形管理有效、图面整洁			10				
学习方法	创新思维能力、计划能力、解决问题能力			20				
教师签名		日期				成绩评定		

项目3　绘制建筑立面图

学习目标

● 知识目标

1. 理解建筑立面施工图的图示方法。

2. 掌握在天正建筑软件里绘制建筑立面施工图的绘图步骤。

3. 掌握建筑立面施工图各种图形的绘制方法。

● 能力目标

具有建筑立面施工图的识读能力及绘图能力。

● 素质目标

培养学生从识图到绘图的良好习惯，具备建筑工程技术人员应有的科学、严谨、精准的工作作风和良好的职业道德。

重点与难点

● 重点：掌握运用天正建筑软件绘制建筑立面施工图的基本命令和操作技巧。

● 难点：掌握外部参照插入和编辑方法。

学习引导

1. 教师课堂教学指引：运用天正建筑软件绘制建筑立面施工图的基本命令和操作技巧。

2. 学生自主性学习：学生通过实际操作反复练习加深理解，提高操作技巧。

3. 小组合作学习：通过学生自评、小组互评、教师评价，总结绘图效果，提升绘图质量。

3.1 项目描述

建筑立面图主要表示建筑物的立面效果，是建立在建筑平面图的基础上的，它的尺寸在长度方向上受建筑平面图的约束，而高度方向上的尺寸需根据每一层的建筑层高及建筑部件（如墙体、门窗、墙体等）在高度方向的位置而确定。绘制如图 3-1 所示的两层住宅南立面图。

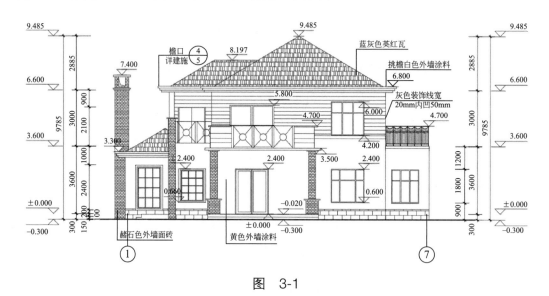

图 3-1

3.2 知 识 平 台

3.2.1 建筑立面图的图示方法

建筑立面图是将建筑物平行于外墙面的投影面投影得到的正投影图，主要用来反映房屋的长度、高度、层数等外貌和外墙装修构造。其主要作用是确定门窗、檐口、雨篷、阳台等的形状和位置。通常把反映建筑物的主要出入口及反映房屋外貌主要特征的立面图称为正立面图，其余的立面图相应地称为背立面图和侧立面图。当各侧立面图比较简单或者有相同的立面时，可以只绘制出主要的立面图。在天正建筑软件中绘制的建筑工程图，都有定位轴线，一般都是根据立面图两端的轴线编号来为立面图命名。

3.2.2　外部参照

外部参照是指一个图形文件对另一个图形文件的引用，即把已有的其他图形文件链接到当前图形文件中。

1. 插入外部参照

启动插入外部参照命令有如下三种方法。

（1）单击菜单栏中"插入"→"外部参照"命令。

（2）单击"参照工具栏"中"附着外部参照"按钮。

（3）在"命令行"输入：Xattach（快捷键 Xa）↙。

2. 管理外部参照

启动外部参照功能面板有如下三种方法。

（1）单击菜单栏中"插入"→"外部参照"命令。

（2）单击"参照工具栏"中的"外部参照"按钮。

（3）"命令行"输入：Xref（快捷键 Xr）↙。

3.2.3　利用设计中心辅助绘图

设计中心是一个直观、高效的管理工具，它允许用户很方便地借鉴和使用以前完成的有关工作内容，并加载到当前的图形中来。

1. 查找图形对象

利用设计中心，用户可以迅速地查看图形中的内容而不必打开该图形，还可以快速查找存储在其他位置的图形、图块、文字样式、标注样式及图层等各种形式的图形信息。

2. 插入图形对象

用户可以从设计中心选择某个图形文件，利用拖放操作将一个图形文件或图块、标注样式、文字样式等插入另一图形中使用。

3. 启动设计中心命令

启动设计中心命令有如下三种方法。

（1）单击菜单栏中"工具"→"设计中心"命令。

（2）单击"标准工具栏"中的"设计中心"按钮 。

（3）在"命令行"输入：Adcenter（按 Ctrl+2 组合键）↙。

3.2.4 绘制射线和构造线

1. 绘制射线

射线是一端端点固定，另一端无限延长的直线，它只有起点，没有终点，启动射线命令有如下两种方法。

（1）单击菜单栏中"绘图"→"射线"命令。

（2）在"命令行"输入：Ray↙。

2. 绘制构造线

构造线没有起点和端点，两端可以无延伸。启动构造线命令有如下三种方法。

（1）单击菜单栏中"绘图"→"构造线"命令。

（2）单击"绘图工具栏"中的"构造线"按钮 。

（3）在"命令行"输入：Xline（快捷键 Xl）↙ 。

3.2.5 索引符号与引出标注

《房屋建筑制图统一标准》（GB/T 50001—2017）规定，图样中的某一局部或构件，如需另见详图，应以索引符号索引，索引符号是由直径为 8~10mm 的圆和水平直径组成，圆及水平直径应以细实线绘制。

引出标注是当图形较小、不便于标注时，把尺寸文本或注释说明等标注在图形的外部，并且用指引线把标注对象与标注文本连接起来的一种标注方法。

3.2.6 打断对象

1. 打断命令

利用"打断"命令可将直线、多段线、射线、样条曲线、圆、圆弧等图形分成两个对象或删除对象中的一部分。启动打断命令有如下三种方法。

（1）单击菜单栏中"修改"→"打断"命令。

（2）单击"修改注工具栏"中的"打断"按钮 。

（3）在"命令行"输入：Break（快捷键 Br）↙。

2. 打断于点命令

利用"打断于点"命令用于打断所选对象，使之成为两个对象，但不删除其中的部分。启动"打断于点"命令有如下两种方法。

（1）单击"修改注工具栏"中的"打断"按钮 。

（2）在"命令行"输入：Break（快捷键 Br）↙。

3.3 项目实施

3.3.1 绘制建筑立面图基本要求

1. 绘制建筑立面图的内容

画出从建筑物外可以看见的室外地坪线、房屋的勒脚、台阶、花池、门、窗、雨篷、阳台、室外楼梯、墙体外边线、檐口、屋顶、雨水管、墙面分格线等内容；标注出建筑物立面上的主要标高，如室外地面的标高、台阶表面的标高、各层门窗洞口的标高、阳台、雨篷、女儿墙顶、屋顶水箱间及楼梯间屋顶的标高；标注出建筑物两端的定位轴线及其编号；标注出需要详图表示的索引符号；用文字说明外墙面装修的材料及其做法。

2. 建筑立面图的绘制要求

（1）立面图的命名：按照两端轴线编号来确定。

（2）与平面图中相关内容对应：在建筑立面图的绘制过程中，应随时参照平面图中的内容来进行，如门窗、楼梯等设施在立面图中的位置都要与平面图中的位置相对应。

（3）标注尺寸：只标注立面的两端轴线及一些主要部分的标高、引线标注，通常没有线性标注。

（4）外墙面装修：有的用文字说明，有的用详图索引符号表示。

（5）线型线宽：最外轮廓线画粗实线，室外地坪线用加粗线，凹凸轮廓线如阳台、雨篷、线脚、门窗洞等为细实线，其他为线宽默认。

3.建筑立面图的绘图步骤

（1）创建相应图层。

（2）画室外地坪线、横向定位轴线、室内地坪线、楼面线、屋顶线和建筑物外轮廓线。

（3）画各层门窗洞口线。

（4）画墙面细部，如阳台、窗台、楣线、门窗细部分格、壁柱、室外台阶、花池等。

（5）标注标高、首尾轴线，书写墙面装修文字、图名、比例等。

（6）完成图形并保存文件。

3.3.2　绘制建筑立面图

1.创建图层

打开项目 2 里已完成的建筑平面图文件，通过在命令行输入命令名称 la 或者单击"图层特性管理器"功能面板，创建绘制立面图所需图层并设置好图层相应颜色、线型和线宽，也可以使用天正建筑软件里已创建好的相关立面图层，如图 3-2 所示，用来分别绘制建筑立面图中的各种线条。

2.绘制立面图定位轴线及编号

在项目 2 完成的文件绘图窗口里，在底层平面图的正下方空白处复制出绘制立面图所需要的定位轴线及轴号。

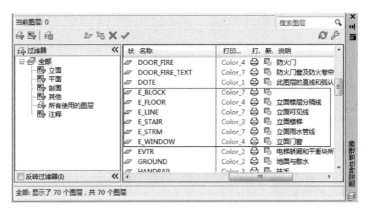

图 3-2

3. 绘制立面图外部轮廓线

（1）选择"建筑 - 立面 - 线一"图层。

（2）根据不同的标高数值，运用"偏移"工具定出室外地坪线、室内地坪线、屋顶线等立面图中的水平轮廓线，再结合底层平面图中各外墙外侧与轴号的距离绘制出立面图中外墙竖向的轮廓线，再修剪图形，效果如图 3-3 所示。

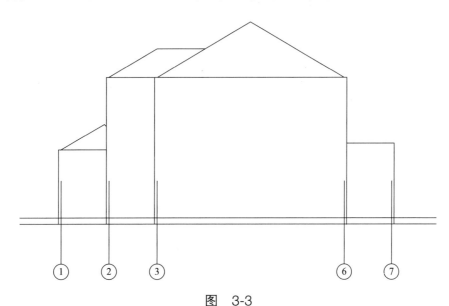

图 3-3

4. 绘制各层门窗洞口线

（1）选择"建筑 - 立面 - 线二"图层。

（2）根据门窗洞口的标高数值和尺寸，运用"偏移"工具定出门窗洞口在立面图中的水平轮廓线，再结合各层平面图中各南向门窗左右方向尺寸

位置绘制出立面图中竖向的轮廓线，再修剪图形得到如图 3-4 所示的门窗洞
口线。

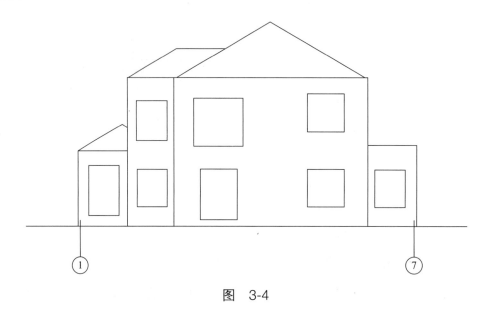

图 3-4

5.绘制立面图中各凹凸构件轮廓线

（1）选择"建筑 - 立面 - 线二"图层。

（2）根据标高数值，再结合各层平面图中各凹凸构件的左右方向尺寸位
置，绘制出阳台、立柱台阶、厨房排气道等构件的轮廓线，绘制结果如图 3-5
所示。

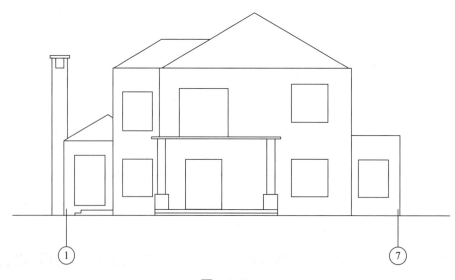

图 3-5

6.绘制立面图中细部线条

（1）选择"建筑 - 立面 - 线三"图层。

（2）根据尺寸数值，绘制出各部位檐口线条、阳台栏杆、门窗细部分格、墙角装饰线、外墙面层材料图案填充等，绘制结果如图 3-6 所示。

图　3-6

7.符号和尺寸标注

（1）运用天正建筑软件菜单"符号标注"→"标高标注"功能，绘制出立面图中所有的标高标注（图 3-7）。

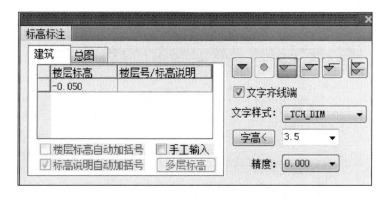

图　3-7

（2）运用天正建筑软件菜单"符号标注"→"引出标注"功能，绘制出立面图中所有的引出标注（图 3-8）。

图 3-8

（3）运用天正建筑软件菜单"符号标注"→"索引符号"功能，绘制出立面图中所有的索引符号（图 3-9）。

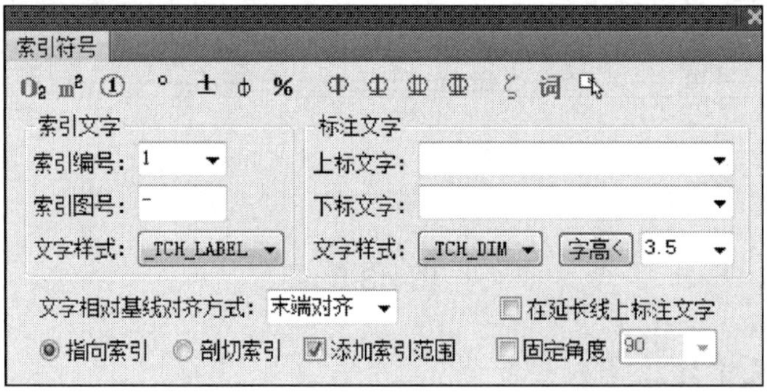

图 3-9

（4）运用天正建筑软件菜单"符号标注"→"图名标注"功能，绘制出立面图的图名比例（图 3-10）。

图 3-10

8. 显示线型

（1）更改地坪线：运用多段线编辑命令 pedit，将地坪线的宽度更改为 100。

（2）显示轮廓线：在状态栏中单击"线宽"按钮，将外轮廓线、凹凸构件轮廓线显示出来，绘制结果如图 3-11 所示。

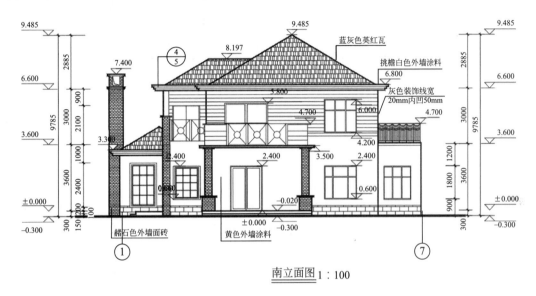

南立面图 1：100

图　3-11

9. 插入 A3 图框并保存文件

运用天正建筑软件菜单"文件布图"→"插入图框"功能，在建筑立面图绘图区域中插入 A3 图框。

完成以上所有建筑立面图绘制，保存文件并退出。

3.4　技 能 拓 展

用绘制"南立面图"的方法，绘制如图 3-12 所示两层住宅北立面图。

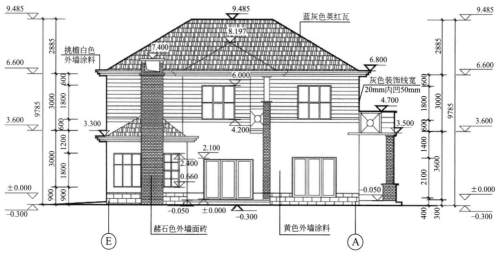

图 3-12

【学习笔记】

本项目的学习效果评价参照表 3-1 进行。

表 3-1　项目 3 绘制建筑立面图学习效果评价表

项目名称							
专业		班级		姓名		学号	
评价内容	评价指标		分数	自我评价（25%）	小组评价（25%）	老师评价（50%）	得分
学习态度	出勤情况、学习主动性、语言表达、团队协作		10				
项目实施	绘制外轮廓线、凹凸轮廓线		20				
	绘制门窗		20				
	标注尺寸、标高、引线		10				
项目质量	绘图符合规范、图线清晰、标注准确、图面整洁		10				
学习方法	创新思维能力、计划能力、解决问题能力		20				
教师签名		日期			成绩评定		

项目 4   绘制建筑剖面图

学习目标

● 知识目标

1. 理解建筑剖面施工图的图示方法。

2. 理解图案填充的含义，掌握图案填充的编辑和修改方法。

3. 掌握在天正建筑软件里绘制建筑剖面施工图的绘图步骤。

4. 掌握创建二维填充的方法。

5. 掌握编辑图形对象属性的方法。

● 能力目标

具有建筑剖面施工图的识读能力及绘图能力。

● 素质目标

培养学生从识图到绘图的良好习惯，具备建筑工程技术人员应有的科学、严谨、精准的工作作风和良好的职业道德。

重点与难点

● 重点：掌握运用天正建筑软件绘制建筑剖面施工图的基本命令和操作技巧。

● 难点：掌握图案填充和编辑的方法。

学习引导

1. 教师课堂教学指引：运用天正建筑软件绘制建筑剖面施工图的基本命令和操作技巧。

2.学生自主性学习：学生通过实际操作反复练习加深理解，提高操作技巧。

3.小组合作学习：通过学生自评、小组互评、教师评价，总结绘图效果，提升绘图质量。

4.1 项目描述

建筑剖面图是根据房屋的具体情况和施工实际需要决定的。剖切面一般为横向，即平行于侧面。其位置应选择在能反映出房屋内部构造比较复杂与典型的部位，并应通过门窗洞的位置。剖面图的图名应与平面上所标注剖切符号的编号一致，如 1—1 剖面图、2—2 剖面图，建筑剖面图是平、立面图相互配合的不可缺少的重要图样之一。绘制如图 4-1 所示的二层住宅 1—1 剖面图。

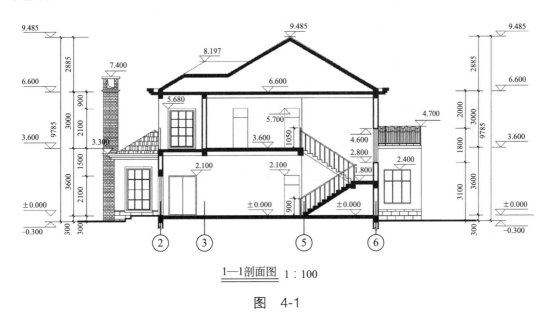

1—1剖面图 1：100

图 4-1

4.2 知识平台

4.2.1 建筑剖面图的图示方法

建筑剖面图是用一个或多个垂直于外墙轴线的铅垂剖切面将房屋剖开，

向某一方向作正投影得到的剖面图。剖面图用以表示房屋内部的结构或构造方式,如屋面(楼、地面)形式、分层情况、材料、做法、高度尺寸及各部位的联系等。它与平面图、立面图互相配合,用于计算工程量,指导各层楼板和层面施工、门窗安装和内部装修等。

4.2.2　图案填充

图案填充是指把选定的某种图案填充在指定的封闭区域内。在剖面图中,填充图案可以帮助用户清楚地表示每一个部件的材料类型及区分装配关系。图形中的填充图案描述了对象的材料特性并增加了图形的可读性。

1. 创建图案填充

AutoCAD 提供多种标准的填充图案,另外用户还可根据需要自己定义图案。在填充过程中,用户可以通过填充工具来控制图案的疏密、线条及倾角角度。启动图案填充命令有如下三种方法。

(1)选择菜单栏中"绘图"→"图案填充"命令。

(2)单击"绘图"工具栏中的"图案填充"按钮。

(3)在"命令行"输入:Bhatch(快捷键 Bh)。

2. 编辑图案填充

AutoCAD 提供了编辑填充命令重新设置填充图案。启动编辑图案命令有如下三种方法。

(1)选择菜单栏中"修改"→"对象"→"图案填充"命令。

(2)单击"修改Ⅱ"工具栏中的"编辑图案填充"按钮。

(3)在"命令行"输入:Hatchedit(快捷键 He)。

4.2.3　修剪图案填充边界

对于建立的图案填充,可以对其形状进行随时调整,此时可以利用图案的方式进行。操作过程为:首先进行图案填充,然后绘制需要的几何图形,最后采用"修改"工具栏中"修剪"命令进行修剪即可。

4.2.4　编辑图形对象属性

1. 对象特性管理器

在 AutoCAD 中，对象属性是指系统赋予图形对象的颜色、线型、图层、高度、厚度和文字样式等特性。启动特性命令有如下三种方法。

（1）选择菜单栏中"修改"→"特性"命令。

（2）单击"标准"工具栏中的"特性"按钮 。

（3）在"命令行"输入：Properties（按 Ctrl+1 组合键）。

2. 修改图形对象属性

"特性"功能面板会列出选定对象的特性的当前设置，用户可以通过指定功能面板里各选项的新值修改所选对象的特性。打开"特性"功能面板就可以在绘图过程中进行图形对象特性修改操作。

3. 匹配图形对象属性

"特性匹配"命令是一个非常有用的编辑工具，利用此命令可以将一个对象的全部或部分对象特征复制给其他对象，也可以复制特殊特性。特性来源对象称为源对象，要赋予特性的对象称为目标对象。启动"特性匹配"命令有如下三种方法。

（1）选择菜单栏中"修改"→"特性匹配"命令。

（2）选择"标准"工具栏中的"特性匹配"按钮 。

（3）在"命令行"输入：Matchrop。

4.3　项目实施

4.3.1　绘制建筑剖面图基本要求

1. 绘制建筑剖面图的内容

（1）定位轴线：剖面图中的定位轴线一般只画两端的轴线及其编号，以便与平面图对照。

（2）图线：室外地坪线用加粗实线表示。剖切到的墙身、楼板、屋面板、楼梯段、楼梯平台等轮廓线用粗实线表示。未剖切到的可见轮廓线如门窗洞、楼梯段、楼梯扶手和内外墙轮廓线，较小的建筑构配件与装修面层线等用细实线表示。尺寸线、尺寸界线、引出线、索引符号和标高符号按规定画成细实线。

（3）比例：剖面图的绘制比例与平面图、立面图相同，常用的有 1∶50、1∶100、1∶200 三种。

（4）图例：被剖切到的构、配件断面材料图例，根据不同的绘图比例，可采用不同的表示方法。

（5）尺寸标注：建筑剖面图中，必须标注垂直尺寸和标高。外墙的高度尺寸一般也标注三道：最外侧一道为室外地面以上的总高尺寸；中间一道为层高尺寸；里面一道为门、窗洞及窗间墙的高度尺寸。

（6）楼、地面各层构造做法：剖面图中一般可用引出线指向所说明的部位，并按其构造层次的顺序，逐层加以文字说明，以表示各层的构造做法。

（7）详图索引符号。

2. 建筑剖面图的绘制要求

（1）剖面图的命名：剖面图的图名应与底层平面图上所标注剖切符号的编号一致，例如 1—1 剖面图、2—2 剖面图等。

（2）与平面图、立面图中相关内容对应：建筑的平面图、立面图、剖面图相当于物体的三视图，在建筑剖面图中绘制墙体、楼面板、梁柱、门窗、楼梯等构配件时，应随时参照平面图、立面图中的内容确定各相应构配件的位置及具体的大小尺寸。

（3）线型线宽：建筑剖面图中实线有粗细两种。被剖切到的墙、柱等构配件用粗实线（0.3mm）绘制，其他可见构配件用细实线（默认）绘制。

3. 建筑剖面图的绘图步骤

（1）创建相应图层。

（2）绘制定位轴线及编号。

（3）绘制墙体、楼板、屋顶、地坪线。

（4）绘制窗户。

（5）填充被剖切到的楼梯、楼板、过梁、阳台与卫生间地面等部位。

（6）标注竖直方向的线性尺寸和标高。

（7）完成图形并保存文件。

4.3.2 绘制建筑剖面图

1. 创建图层

打开项目 3 里已绘制完成的包括建筑平面图和立面图的文件，通过在命令行输入命令 la 或者单击"图层特性管理器"功能面板，创建绘制建筑剖面图所需图层并设置好图层相应颜色、线型和线宽，也可以使用天正建筑软件里已创建好的相关剖面图层，用来分别绘制建筑剖面图中的各种线条，如图 4-2 所示。

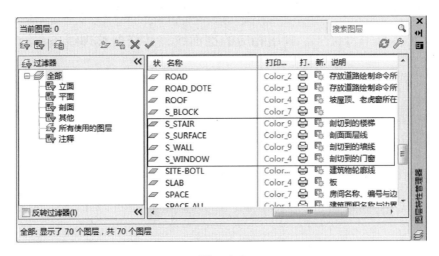

图 4-2

2. 绘制辅助线及定位轴线

根据进深尺寸，画出墙身的定位轴线及轴号；根据标高尺寸定出室内外地坪线、各楼面、屋面及女儿墙的高度位置线。绘制时可以根据剖面图的剖切位置及投影方向，将底层平面图进行复制并旋转一定的角度以辅助剖面图在进深方向定位，绘制结果如图 4-3 所示。

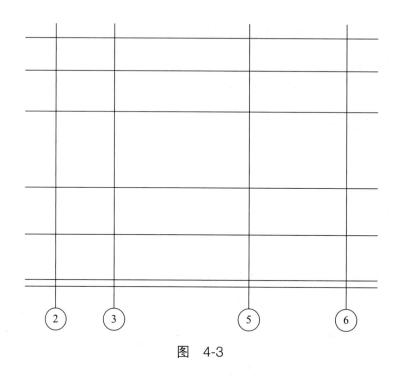

图 4-3

3.绘制剖面墙线、楼板线、屋面线

根据墙体、楼板、屋面板、屋顶等厚度及进深方向尺寸，和室外台阶、楼梯梯段及休息平台尺寸，画出相应的剖面线，并修剪整理线条，绘制结果如图 4-4 所示。

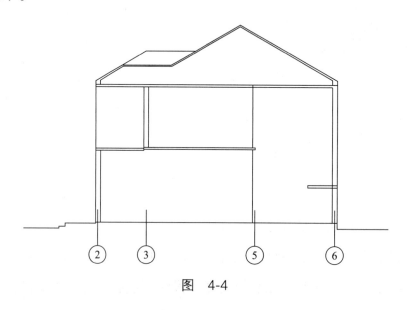

图 4-4

4.绘制各种剖面梁线和楼梯线

根据各种梁、檐口、楼梯踏步等尺寸，画出相应的剖面线，并修剪整理线条，绘制结果如图 4-5 所示。

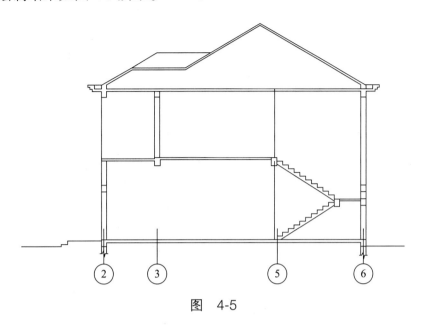

图 4-5

5.绘制其他部位可见投影线

根据南立面图，补绘出剖面图中其他未剖到但可见的房屋部位的投影线，绘制结果如图 4-6 所示。

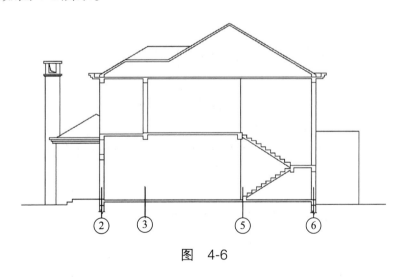

图 4-6

6.绘制门窗线

根据门窗洞口高度及竖向位置尺寸，修剪出剖面图中门窗洞口并绘制出门窗剖面线，以及其他可见的门窗洞口线，绘制结果如图 4-7 所示。

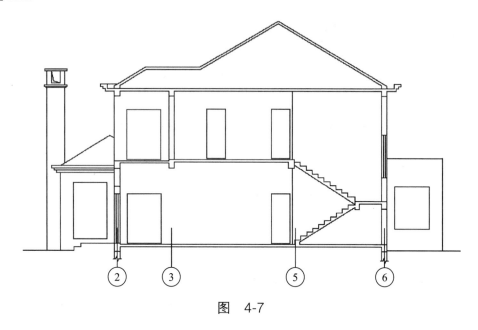

图 4-7

7. 填充楼板、楼梯并完善绘图

对楼板、楼梯和休息平台等剖到的构件区域进行图案填充，并对可见的墙面屋面进行图案填充，同时绘出楼梯扶手线、装饰面层线、可见门窗立面的分格线、可见阳台的栏杆线。在完成所有建筑构件的绘制后，运用多段线编辑命令 pedit，地坪线的宽度更改为 100，并在状态栏中单击"线宽"按钮，将图层里设定的线宽显示出来，绘制结果如图 4-8 所示。

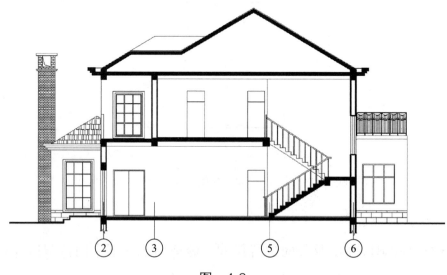

图 4-8

8.符号尺寸标注

运用天正建筑软件菜单"符号标注""尺寸标注"及"图名标注"等功能，标出剖面图中的标高、尺寸及图名，绘制结果如图 4-1 所示。

9.加图框并保存文件

运用天正建筑软件菜单"文件布图"→"插入图框"功能，在建筑剖面图绘图区域中插入 A3 图框。

完成以上所有建筑剖面图绘制，保存文件并退出。

4.4 技能拓展

用绘制图 4-1 的方法，绘制如图 4-9 所示的某四层房屋 1—1 剖面图，以提高绘制剖面图的操作技能。

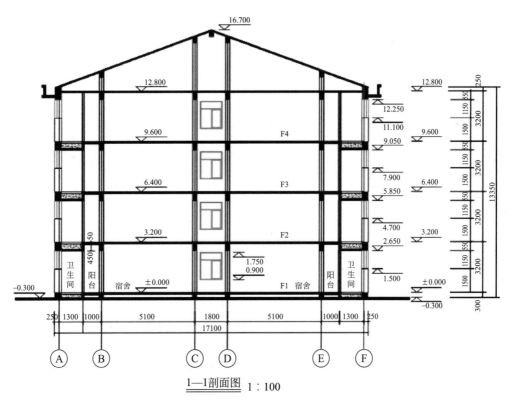

图 4-9

【学习笔记】

本项目的学习效果评价参照表 4-1 进行。

表 4-1　项目 4 绘制建筑剖面图学习效果评价表

项目名称							
专业		班级		姓名		学号	
评价内容	评价指标		分数	自我评价（25%）	小组评价（25%）	老师评价（50%）	得分
学习态度	出勤情况、学习主动性、语言表达、团队协作		10				
项目实施	绘制室内外地坪线、墙体、楼板、屋顶		20				
	绘制门窗、图案填充		20				
	标注尺寸、标高、引线和各种符号		20				
项目质量	绘图符合规范、图线清晰、标注准确、图面整洁		10				
学习方法	创新思维能力、计划能力、解决问题能力		20				
教师签名		日期			成绩评定		

项目 5 绘制建筑详图

学习目标

● 知识目标

1. 熟记绘制建筑详图的若干规定。

2. 理解建筑外墙身详图的图示方法。

3. 理解楼梯建筑详图的图示方法。

● 能力目标

1. 具有建筑外墙身详图的识读能力及绘图能力。

2. 具有楼梯建筑详图的识读能力及绘图能力。

● 素质目标

培养学生从识图到绘图的良好习惯，具备建筑工程技术人员应有的科学、严谨、精准的工作作风和良好的职业道德。

重点与难点

● 重点：掌握运用天正建筑软件绘制建筑详图的基本命令和操作技巧。

● 难点：掌握绘制建筑外墙身详图的方法。

学习引导

1. 教师课堂教学指引：运用天正建筑软件绘制建筑详图的基本命令和操作技巧。

2. 学生自主性学习：学生通过实际操作反复练习加深理解，提高操作技巧。

3. 小组合作学习：通过学生自评、小组互评、教师评价，总结绘图效果，提升绘图质量。

5.1　项目描述

建筑平面图、建筑立面图和建筑剖面图三图配合虽然能够表达房屋的全貌，但由于所用的比例较小，房屋中的一些细部构造不能清楚地表示出来，因此还需要绘制建筑详图，如图 5-1 所示的建筑外墙身详图和图 5-2 所示的楼梯详图等。

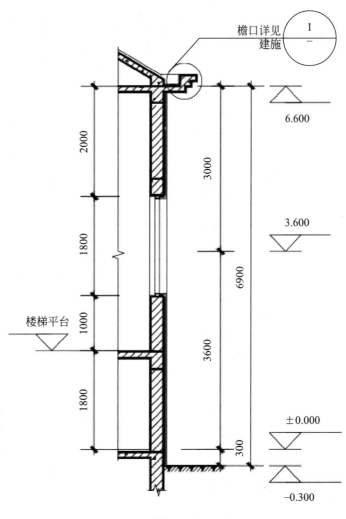

图　5-1

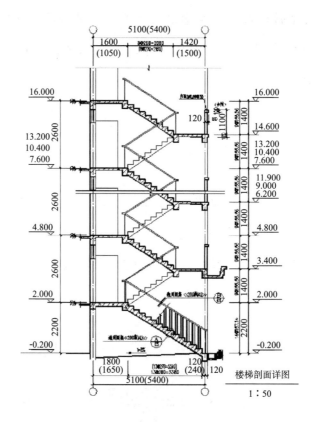

楼梯剖面详图

1：50

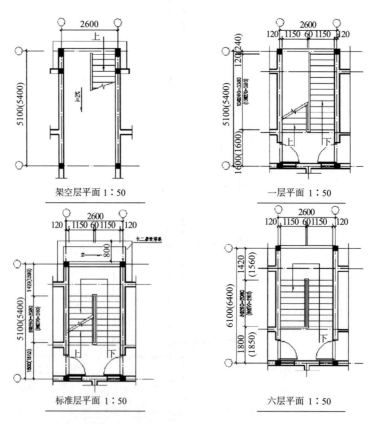

架空层平面 1：50

一层平面 1：50

标准层平面 1：50

六层平面 1：50

图 5-2

5.2 知 识 平 台

5.2.1 建筑详图的相关概念

1. 建筑详图的特点及作用

建筑详图是为了表达建筑节点及构配件的形状、材料、尺寸、做法等，用较大的比例画出的图形，常被称为大样图。其特点一是比例大，二是图示内容详尽清楚，三是尺寸标注齐全、文字说明详尽。所以，建筑详图既是建筑细部的施工图，也是对建筑平面图、立面图、剖面图等基本图样的深化和补充，还是建筑工程细部施工、建筑构配件制作及编制预算的依据。

2. 建筑详图的表示方法

（1）详图的数量。详图的数量和图示内容与房屋的复杂程度及平面图、立面图、剖面图的内容和比例有关。有的只需一个剖面详图就能表达清楚（如墙身剖面详图），有的则需另加平面详图（如楼梯平面详图、卫生间平面详图等）或立面详图（如门窗、阳台详图等）。有时还要在详图中再补充比例更大的详图。还有一些构配件详图除画平面、立面、剖面详图外，还需要画构配件的断面图，如门窗断面图等。

（2）对于套用标准图或通用图的建筑构配件和节点，只需注明所套用图集的名称、型号或页次（索引符号），可不必另画详图。

（3）对于节点构造详图，除了要在平面图、立面图、剖面图等基本图样中的有关部位注出索引符号外，还应在详图上注出详图符号或名称，以便对照查阅。而对于构配件详图，可不注索引符号，只在详图上写明该构配件的名称或型号即可。

3. 建筑详图内容

一幢房屋施工图通常需绘制：外墙身详图、楼梯详图、门窗详图及室内外构配件的详图，如室外的台阶、散水、明沟等，室内的厕所、盥洗间、壁柜、搁板等。

各详图的主要内容有以下几点。

（1）图名（或详图符号）、比例。

（2）表达出构配件各部分的构造连接方法及相对位置关系。

（3）表达出各部位、各细部的详细尺寸。

（4）详细表达构配件或节点所用的各种材料及其规格。

（5）有关施工要求、构造层次及制作方法说明等。

4. 建筑详图的比例

建筑详图通常采用的比例是 1∶1、1∶2、1∶5、1∶10、1∶15、1∶20、1∶25、1∶30、1∶50 等。

5. 详图索引符号

符号中各要素的含义如图 5-3 所示。

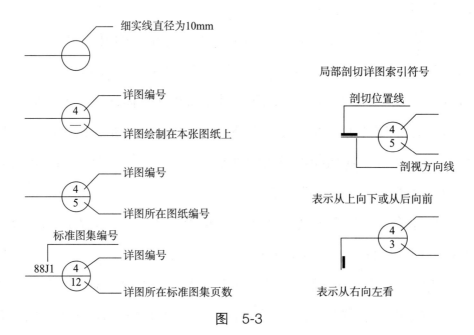

图 5-3

5.2.2　建筑外墙身详图的绘制内容及要求

（1）建筑外墙身详图一般采用 1∶20 的较大比例绘制，为节省图幅，通常采用折断画法，通常在窗洞中间处断开，成为几个节点详图的组合。

（2）如果多层房屋中各层的构造情况一样，可只画底层、顶层或加一个中间层来表示。

（3）外墙身详图上标注尺寸和标高的方式与建筑剖面图基本相同，线型也与剖面图一样，剖到的轮廓线用粗实线，粉刷线则为细实线，断面轮廓线内应画上材料图例。

5.2.3 建筑楼梯详图的绘制内容及要求

1. 楼梯平面详图

详图比例通常为 1∶50，包含楼梯底层平面图、标准层平面图和顶面平面图等。底层平面图是从第一个平台下方剖切，将第一跑楼梯段断开（用倾斜 30°、45° 的折断线表示），因此只画半跑楼梯，用箭头表示上行或下行的方向，以及一层和二层之间的踏步数量，如↑20，表示一层至二层有 20 个踏步。楼梯标准层平面图是从中间层房间窗台上方剖切，应既画出被剖切的向上部分梯段，还要画出由该层下行的部分梯段，以及休息平台。楼梯顶层平面图是从顶层房间窗台上剖切的，没有剖切到楼梯段（出屋顶楼梯间除外），因此平面图中应画出完整的两跑楼梯段，以及中间休息平台，并在梯口处注"下"及箭头。

2. 楼梯剖面图

楼梯剖面图的比例一般为 1∶50、1∶30 或 1∶40，如果各层楼梯构造相同，且踏步尺寸和数量相同，楼梯剖面图可只画底层、中间层和顶层剖面图，其余部分用折断线将其省略。楼梯剖面图应注明各楼梯层面、平台面、楼梯间窗洞的标高、踢面的高度、踏步的数量以及栏杆的高度。

3. 楼梯踏步、栏杆及扶手详图

踏步详图应绘出踏步截面形状及详细尺寸、内部与面层材料做法。

5.3 项目实施

5.3.1 建筑外墙身详图的绘制

绘制如图 5-4 所示的建筑外墙身详图。

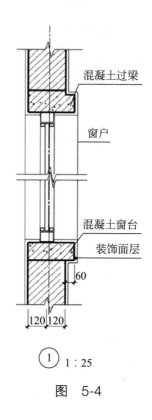

混凝土过梁

窗户

混凝土窗台

装饰面层

60

120 120

① 1∶25

图 5-4

1. 绘制定位线

用直线工具绘制一条竖直线作为定位线，并在线的端点用天正建筑软件工具"符号标注"→"索引图名"绘制详图编号。

2. 绘制墙线

在绘制墙体线前，首先要确定好详图的绘制比例，要明确打印比例，本案例的打印比例为 1∶20，而天正建筑软件默认的打印比例是 1∶100，因此本案例可以按 1∶1 的比例绘制，在完成之后按 1∶20 的比例进行符号尺寸标注并进行打印。选择"修改"→"偏移"工具，指定偏移距离为 100，以轴线为参照，向轴线两侧偏移出墙线，如图 5-5 所示。

3. 绘制剖面窗台、窗过梁结构

在墙线对应位置用直线工具画一条直线，用偏移工具绘制窗台与过梁结构，用直线工具画出窗户剖面结构，用修剪工具整理好。然后用"符号标注"→"加折断线"工具绘制墙体中段和两端的折断线，如图 5-6 所示。

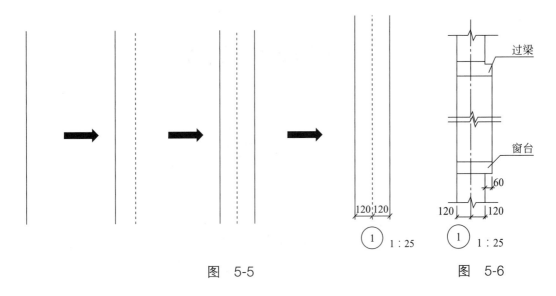

图　5-5　　　　　　　　　　　　　　图　5-6

4. 绘制剖面窗户结构

选择工具栏中"立面"→"立面门窗"→"剖面门窗"（图 5-7），选择"过梁门窗"，将门窗剖面放置于墙体对应位置，使用 AutoCAD 编辑工具，进行窗户剖面结构绘制，如图 5-8 所示。

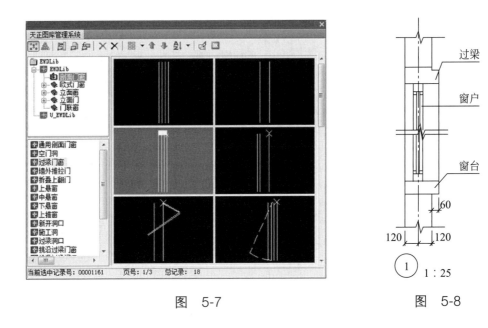

图　5-7　　　　　　　　　　　　　　图　5-8

5. 绘制墙身细部结构图例

单击"绘图"工具栏中的"图案填充"工具，选择"预定义"类型中的"钢筋混凝土"和"普通砖"图案进行填充（图 5-9 和图 5-10），填充后的效果如图 5-11 所示。

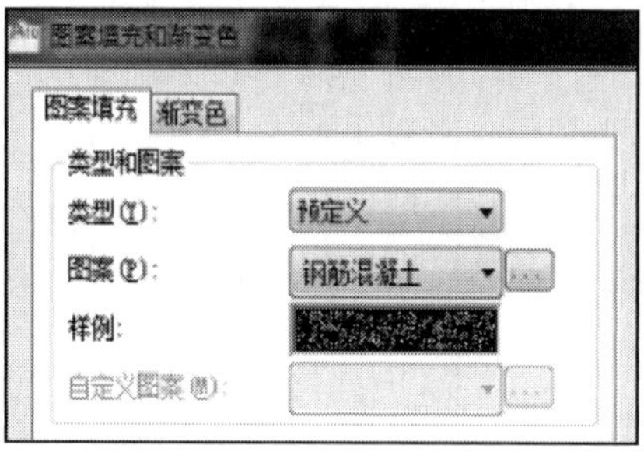

图 5-9

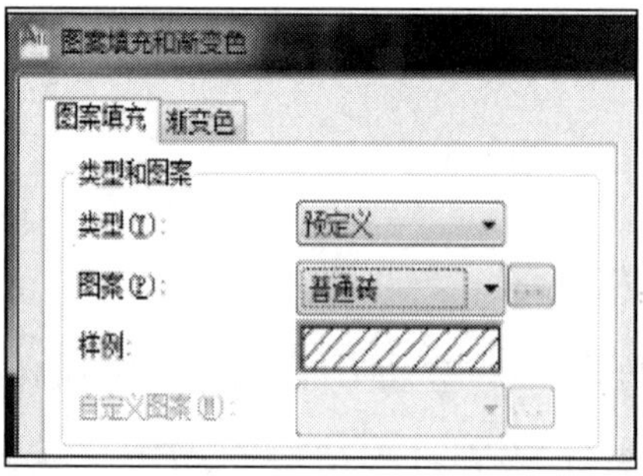

图 5-10

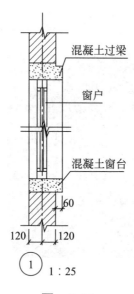

混凝土过梁

窗户

混凝土窗台

60

120 120

① 1 : 25

图 5-11

6. 绘制保护层及表面装饰层

以墙线和楼板线为参照，根据面层材料的厚度，利用"偏移"工具，绘制出各个材料层，再根据材料情况填充材料图案。

7. 线形的处理

对剖面轮廓线进行加粗，一般都是在图绘制完毕后再进行，方法是将需要加粗的直线选中，右击，选择"加粗曲线"，输入线粗 80，按 Enter 键，完善文字标注，完成绘图。

8. 绘制详图打印图框

在用上述方法依次绘制完其余部分墙体详图后，可按照打印比例，绘制图框，方法是在天正建筑软件中选择"文件布图"→"插入图框"，在"插入图框"对话框中图幅选择 A3，比例为 1：20，插入图框，修改相关信息，如图 5-12 所示。

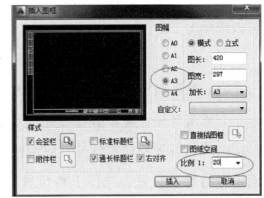

图　5-12

5.3.2　建筑楼梯详图的绘制

天正建筑软件提供了丰富的楼梯样式供使用者选择，使用较多的双跑楼梯菜单和对话框形式如图 5-13 和图 5-14 所示。

图　5-13

图　5-14

参数说明如下。

（1）梯间宽：双跑楼梯的总宽度。单击"梯间宽"按钮可以从平面图中直接量取楼梯间净宽作为双跑楼梯宽度。

（2）楼梯高度：双跑楼梯的总高度，默认为当前楼层高度。

（3）踏步总数：默认踏步总数为20，是主要参数。

（4）休息平台：有"矩形""弧形""无"三种选项，在非矩形休息平台时，可以选择无平台。

（5）平台宽度：即休息平台宽度，休息平台的宽度应大于梯段宽度。

（6）扶手高度：默认值为高900，断面尺寸60×100。

1. 首层楼梯平面详图的绘制

（1）打开天正建筑软件"双跑楼梯"对话框（图5-15），参照首层楼梯平面图进行参数设置，选择上楼位置"右边"，设置完成后，将光标移动到画图界面，参照命令栏提示，输入"A"，使楼梯旋转90°角，将设置好的楼梯插入对应的位置，结果如图5-16所示。

图　5-15

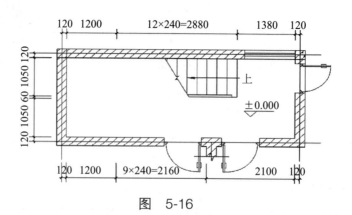

图　5-16

（2）对楼梯平面图进行细部尺寸标注与轴线定位符号标注，结果如图 5-17 所示。

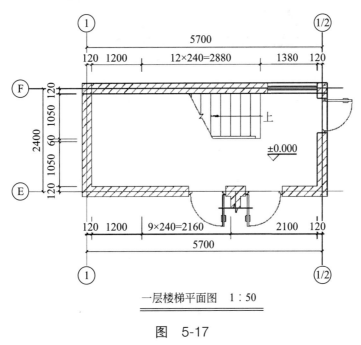

一层楼梯平面图　1∶50

图　5-17

2. 首层楼梯剖面详图的绘制

（1）梯段的绘制。楼梯剖面的参数含义如图 5-18 所示。

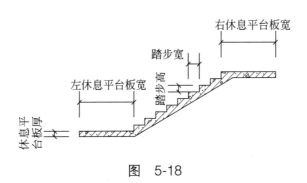

图　5-18

（2）选择"剖面"→"参数楼梯"（图 5-19），在参数对话框中选择"提取梯段数据"，选择已经完成的首层楼梯，走向选择"左高右低"，绘制首层楼梯第一个梯段剖面图，结果如图 5-20 所示。

用相同的方法绘制第二个梯段剖面图，通过单击第二个梯段图形提取楼梯数据，绘制结果如图 5-21 所示。

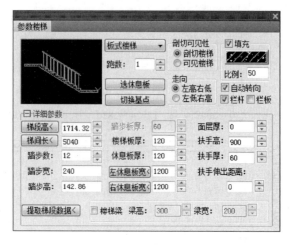

图　5-19

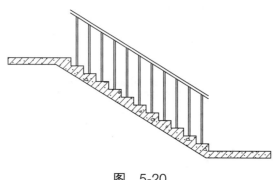

图　5-20

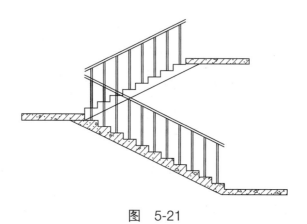

图　5-21

3. 中间层、顶层详图的绘制

　　中间层、顶层楼梯详图绘制方法与首层楼梯详图绘制方法相同，可参照首层楼梯详图绘制。该项目里中间层只有二层，顶层为三层，绘制结果如

图 5-22 和图 5-23 所示。

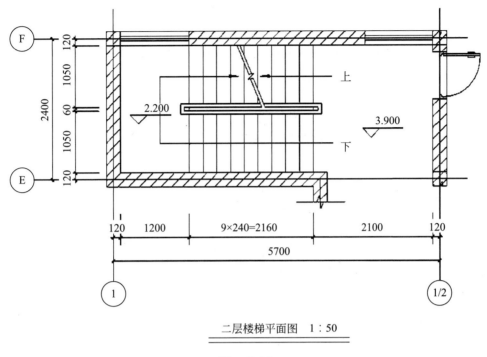

二层楼梯平面图　1∶50

图　5-22

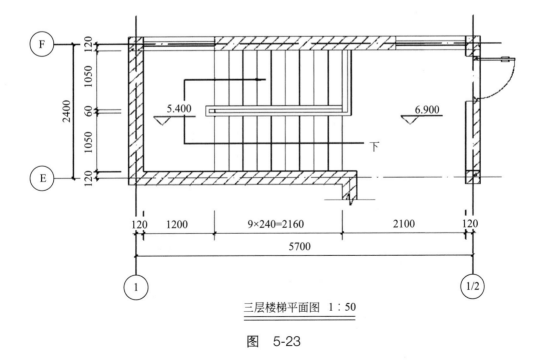

三层楼梯平面图　1∶50

图　5-23

5.4 技能拓展

用上述方法绘制图 5-24 栏杆节点详图和图 5-25～图 5-27 楼梯详图。

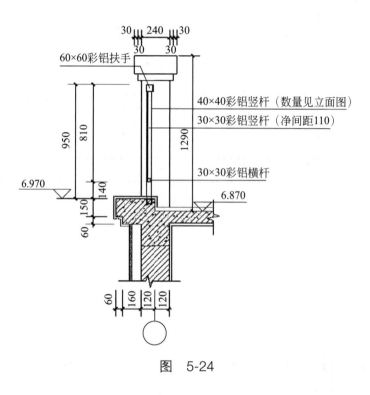

图 5-24

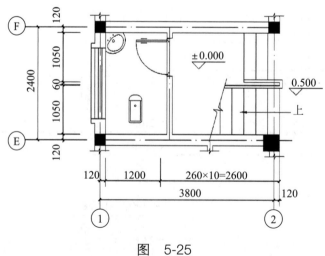

图 5-25

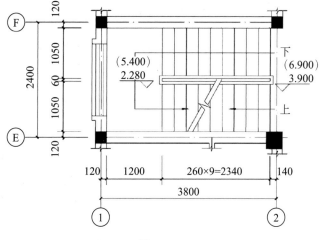

图 5-26

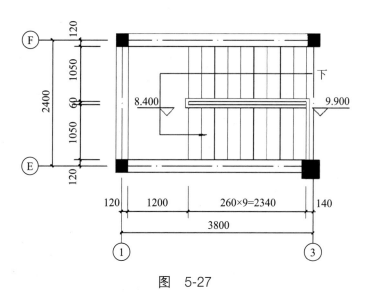

图 5-27

【学习笔记】

本项目的学习效果评价参照表 5-1 进行。

表 5-1　项目 5 绘制建筑详图学习效果评价表

项目名称								
专业		班级		姓名			学号	
评价内容	评价指标		分数	自我评价（25%）	小组评价（25%）	老师评价（50%）	得分	
学习态度	出勤情况、学习主动性、语言表达、团队协作		10					
项目实施	绘制建筑外墙身详图		20					
	绘制建筑楼梯详图		30					
	标注尺寸、标高、引线和各种符号		10					
项目质量	绘图符合规范、图线清晰、标注准确、图面整洁		10					
学习方法	创新思维能力、计划能力、解决问题能力		20					
教师签名		日期			成绩评定			

项目 6　图形打印输出

📖 学习目标

● 知识目标

1. 理解管理打印样式表的作用。

2. 掌握打印页面设置的方法。

3. 掌握图形打印输出方法和技巧。

● 能力目标

具有打印输出 AutoCAD 或者天正建筑软件绘制的图形的能力。

● 素质目标

培养学生从绘图到打印输出图形的良好习惯，具备建筑工程技术人员应有的科学、严谨、精准的工作作风和良好的职业道德。

📝 重点与难点

● 重点：掌握打印输出图形的基本命令和操作技巧。

● 难点：打印页面设置和图形打印。

📊 学习引导

1. 教师课堂教学指引：打印输出图形的操作能力及打印技巧。

2. 学生自主性学习：学生通过实际操作反复练习加深理解，提高操作技巧。

3. 小组合作学习：通过学生自评、小组互评、教师评价，总结图形打印输出效果，提升绘图质量。

6.1　项目描述

　　使用 AutoCAD 或者天正建筑软件完成图形绘制后，图纸需要参与建筑施工，为了与其他建筑技术专业人员进行交流沟通，就需要将绘制好的图纸打印出来。本项目通过对某二层住宅底层平面图进行打印输出，使读者掌握 AutoCAD 方便的打印功能。

6.2　知 识 平 台

6.2.1　打印样式相关概念

　　AutoCAD 提供了打印样式管理器，用于管理用户创建的各种打印样式表。用户可以利用打印样式来改变输出图形对象的打印效果。打印样式包括颜色、抖动、灰度、笔的分配、淡显、线宽、线条端点样式、线条样式和填充样式等，将打印样式组织起来就形成了打印样式表。启动"打印样式管理器"命令有如下两种方法。

　　（1）单击菜单栏中"文件"→"打印样式管理器"命令。

　　（2）在"命令行"输入：STYLESMANAGER↙。

　　启用该命令后，AutoCAD 显示"打印样式管理器"窗口，如图 6-1 所示。

　　1. 打印样式类型

　　1）颜色相关打印样式

　　AutoCAD 使用颜色相关打印样式表。颜色相关打印样式是基于对象颜色的，每一种颜色有一种对应设置。

　　2）命名打印样式

　　命名打印样式的使用与对象的颜色是无关的。用户要将任何打印样式赋给一个对象，而不必去管对象的颜色。

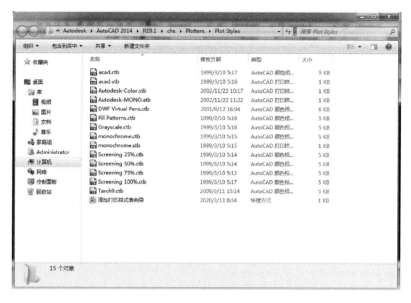

图　6-1

2.编辑打印样式表

在打印样式管理器窗口，双击 acad.ctb 打印样式文件，即可打开"打印样式表编辑器"对话框。在该对话框中共有三个选项卡。

"常规"选项卡：主要列出了关于表的基本信息。

"表视图"选项卡和"表格视图"选项卡：主要提供两种修改打印样式设置的方法，如图 6-2 和图 6-3 所示。如果打印样式数量少，则使用"表视图"比较方便。

图　6-2

图 6-3

3. 应用打印样式

（1）如果要将同样颜色的线条打印出不同的宽度，必须创建并采用命名打印样式。

（2）如果要将图形中所有显示为相同颜色的对象都以同一种打印方式打印，必须创建或采用缺省的颜色相关打印样式。如想要把图打印成黑白两色，可以直接选择系统的颜色相关打印样式：monochrome.ctb。

6.2.2 打印页面设置

AutoCAD 允许用户为每个图形指定不同的页面设置，这样用户就可以对一个图形输出不同的图纸而用于不同的目的。启动页面设置命令有如下两种方法。

（1）单击菜单栏中"文件"→"页面设置管理器"命令。

（2）在"命令行"输入：Pagesetup✓。

启用该命令后，打开"页面设置管理器"对话框，如图 6-4 所示。

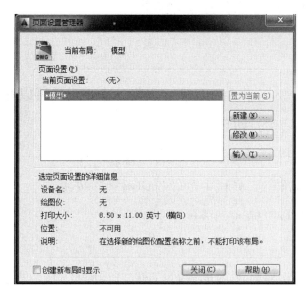

图   6-4

在"页面设置管理器"对话框中单击"修改"按钮，可以打开"页面设置 -
模型"对话框，如图 6-5 所示，在该对话框中可以根据打印要求具体设置图形
的打印方向、指定图形的打印区域、设置打印比例、设置打印图形的偏移量、
设置打印选项等。

图   6-5

6.2.3　打印输出

1. 打印预览

该命令可以对要打印的图形进行预览，这样用户可以在屏幕上事先观察到打印后的效果。启动打印预览命令有如下三种方法。

（1）单击菜单栏中"文件"→"打印预览"命令。

（2）单击"标准"工具栏中的"打印预览"按钮。

（3）在"命令行"输入：Preview↙。

2. 打印图形

该命令可以对设置好的图形进行打印，启动打印命令有如下三种方法。

（1）单击菜单栏中"文件"→"打印"命令。

（2）单击"标准"工具栏中的"打印"按钮。

（3）在"命令行"输入：Plot↙。

6.2.4　AutoCAD 图形输出技巧

1. 在模型空间中输出非 1 : 1 图形

在模型空间中设计绘制完图形后，依据所需出图的图纸尺寸计算出绘图比例，用 Scale 比例缩放命令将所绘图形按绘图比例整体缩放。在"文件"菜单中选择"打印"命令，打开"打印"对话框，在"打印设置"选项卡中，设置图纸尺寸、打印范围、图纸方向，在"打印比例"中，将比例设为 1 : 1，单击"确定"按钮输出图形。

2. 在图纸空间中输出非 1 : 1 图形

虽然可以直接在模型空间选择"打印"命令打印图形，但是在很多情况下，可能希望对图形进行适当处理后再输出。例如，在一张图纸中输出图形的多个视图、添加标题块等，此时就要用到图纸空间。图纸空间是一种工具，它完全模拟图纸页面，用于在绘图之前或之后安排图形的输出布局。

6.3 项目实施

6.3.1 设置页面

单击"文件"→"页面设置管理器"命令，打开"页面设置管理器"对话框，完成 A2 横式图纸页面样式设置。

6.3.2 打印

（1）按 Ctrl+P 组合键，打开"打印"对话框。

（2）打印设备选择 DWG To PDF.pc3，单击右边的"特性"进入"绘图仪配置编辑器"中的"设备和文档设置"可以进行进一步的详细设置。

（3）在"图纸尺寸"中选择刚才自己定义的图纸 ISO A2（594.00 × 420.00mm）。

（4）在"打印区域"中选择打印范围为"窗口"。回到绘图区域，框选"底层平面图"并单击鼠标返回"打印"对话框。

（5）在"打印偏移"选项组中选中"居中打印"复选框。

（6）打印比例选择自定义，1∶100。

（7）打印样式表选择 monochrome.ctb。

设置好后的对话框如图 6-6 所示。

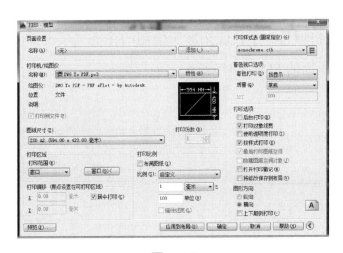

图 6-6

（8）单击"预览"按钮，观看输出图形效果，如图 6-7 所示。

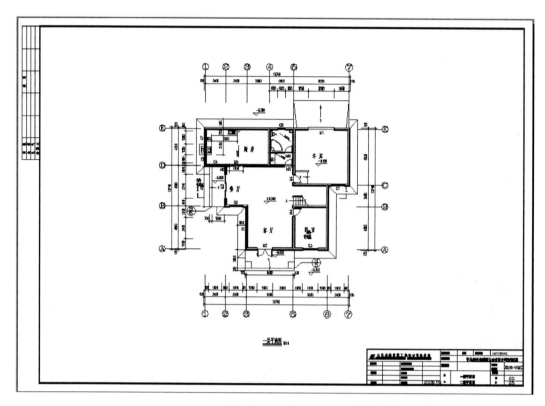

图　6-7

（9）单击"确定"按钮，即可输出该图形的 .pdf 格式文件。

6.4　技　能　拓　展

用上述方法将项目 2 中技能拓展所绘制的住宅二层平面图，按 1：100 比例打印输出 A2 图幅的 PDF 文件。

【学习笔记】

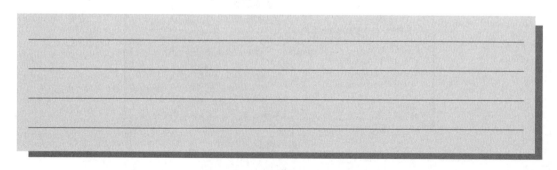

本项目的学习效果评价参照表 6-1 进行。

表 6-1　项目 6 图形打印输出学习效果评价表

项目名称							
专业		班级		姓名		学号	
评价内容	评价指标		分数	自我评价（25%）	小组评价（25%）	老师评价（50%）	得分
学习态度	出勤情况、学习主动性、语言表达、团队协作		10				
项目实施	管理打印样式		10				
	打印页面设置、打印输出		20				
	给定图形打印设置与输出		30				
项目质量	绘图符合规范、图线清晰、标注准确、图面整洁		10				
学习方法	创新思维能力、计划能力、解决问题能力		20				
教师签名		日期			成绩评定		

参 考 文 献

[1] 韦清权，刘勇 . AutoCAD 与天正建筑 [M]. 北京：中国水利水电出版社，2012.

[2] 石亚勇，李永生 . AutoCAD 建筑设计与绘图案例教程 [M]. 北京：中国水利水电出版社，2011.

[3] 贺蜀山 . 建筑 CAD 教程 [M]. 北京：中国水利水电出版社，2013.

[4] 陈娟 . 建筑 CAD 制图 [M]. 北京：中国铁道出版社，2014.

[5] 张小礼，梁少伟，黄雅琪 . 建筑 CAD [M]. 北京：中国水利水电出版社，2018.

[6] 吴银柱，吴丽萍 . 土建工程 CAD [M]. 北京：高等教育出版社，2015.

[7] 曹磊，朱一 . AutoCAD2011 及天正建筑 8.2 应用教程 [M]. 北京：机械工业出版社，2011.

附　　录

附录一　两层住宅施工图
（9 张图，A4 或 A3 打印）

附录二　多层住宅施工图
（12 张图，A3 打印）